W0039802

Lawrence Elliott · Der Mann, der überlebte

Lawrence Elliott

Der Mann, der überlebte

George W. Carver –

eine faszinierende Lebensgeschichte

neukirchener
verlag

Die Originalausgabe erschien unter dem Titel
„George Washington Carver: The Man Who Overcame"
bei Prentice-Hall, Inc., Englewood Cliffs, N. J.
© 1966 by Lawrence Elliott
Aus dem Amerikanischen übertragen von Hans-Georg Noack

Bibliografische Information der Deutschen Nationalbibliothek:
Die Deutsche Nationalbibliothek verzeichnet diese Publikation in der
Deutschen Nationalbibliografie; detaillierte bibliografische Daten sind
im Internet über http://dnb.d-nb.de abrufbar.

Limitierte Sonderausgabe
© 2018 Neukirchener Verlagsgesellschaft mbH, Neukirchen-Vluyn
Alle Rechte vorbehalten
Umschlaggestaltung: braunwerbeagentur, Stefanie Braun, Radevormwald;
verwendete Bilder: © LiliGraphie/shutterstock.com; © Elovich/shutter-
stock.com; © manyakotic/fotolia.com; © Erica Guilane-
Nachez/fotolia.com; P.H. Polk, Tuskegee University, Alabama
Foto Umschlagrückseite: © akg-images
DTP: Breklumer Print-Service, www.breklumer-print-service.com
Verwendete Schriften: Adobe Garamond
Gesamtherstellung: GGP Media GmbH, Pößneck
Printed in Germany
ISBN 978-3-7615-5703-7

www.neukirchener-verlage.de

Inhalt

Der Sklave, der den Süden befreite

Messt mich nicht an den Höhen, die ich erreichte,
sondern an den Tiefen, aus denen ich kam.

Frederick Douglass

Manche halten ihn für den beachtenswertesten Amerikaner aller Zeiten. Niemand wusste mehr als er über den chemischen Zauber, der in den Pflanzen verschlossen ist, niemand vermochte ihn besser dem Menschen nutzbar zu machen. Er arbeitete in einem Labor, das mit Abfällen aus Mülltonnen ausgestattet war. Er verwendete rostige Tiegel und behelfsmäßige Brenner. Aber er löste die Materie in ihre geheimnisvollen Bestandteile auf und fügte sie zu neuen Nahrungsmitteln, Arzneien und Aufbaustoffen zusammen.

Er gewann Farben aus der heimischen Erde und malte so herrliche Bilder, dass Galerien und Museen darum bettelten, sie kaufen zu dürfen. Er sagte nein und schenkte die Bilder seinen Freunden. Heute hängen sie in bescheidenen Wohnungen in Chicago, Detroit und Tuskegee, Alabama. Er machte Kuchen aus Erdnüssen und Salate aus Kräutern, und die großen Hotels verwendeten seine Rezepte. Ohne wirkliche Ausbildung wurde er Pianist und gab Konzerte im ganzen Land, um Geld für das unscheinbare kleine College zu beschaffen, an dem er unterrichtete. Ohne langes Nachdenken lehnte er ein Angebot Edisons ab, für ein Jahresgehalt von hunderttausend Dollar bei ihm zu arbeiten. Immer wieder sagte er, dass ihm zum Heiraten die Zeit fehle; bat man ihn aber um Pflanzensamen, so fand er Zeit genug, ihn zu schicken; und wenn er an einem Vorgarten vorüber kam, in dem die Rosen nicht frisch genug wirkten, so blieb er stehen und erklärte, was den Blumen fehlte.

Die Präsidenten John Calvin Coolidge und Franklin Roosevelt besuchten ihn. Ausländische Regierungen erbaten ebenso seinen Rat wie einfache Leute aus aller Welt. Henry Wallace, Henry Ford und Mahatma Gandhi waren seine Freunde.

Und doch blieben ihm zahllose Türen verschlossen.

Kaum ein Mensch sah sich vor einem so wenig erfolgversprechenden Leben wie er. Er kannte weder Mutter noch Vater, wusste nicht einmal das Jahr seiner Geburt. Er war als Schwarzer und Sklave zu Beginn des blutigen Bürgerkrieges geboren, der die legale Sklaverei beendete. Krank kam er auf die Welt, und es schien ihm bestimmt zu sein, in den Windeln zu sterben. Da er durch einen erstaunlichen Bruch aller Naturgesetze überlebte, war zu erwarten, dass er kümmerlich und verbittert heranwüchse. Tag für Tag wurde Menschen seinesgleichen eingehämmert, sie seien nicht mehr wert als die Arbeitsochsen; und oft genug wurden sie noch schlechter behandelt. Aber sein ganzes Leben lang bekämpfte er diese Lüge. Er konnte auch keinen Groll gegen die Menschen empfinden, die sie aussprachen.

Die Welt, die er vor sich sah, war nicht immer sonnig, aber sie blieb immer voller Hoffnung.

Über 30 Jahre zählte er, als er seine Schulzeit endlich hinter sich gebracht hatte. Von Stadt zu Stadt war er durch den Mittleren Westen gezogen und hatte seine Arbeitskraft gegen Unterrichtsstunden eingetauscht, wenn er nur eine Schule finden konnte, die bereit war, einen schwarzen Jungen aufzunehmen. Während der Jugendjahre war die Landstraße sein Zuhause; Hunger und Kälte waren seine treuesten Gefährten. Aber er zog weiter und weiter, forschte und lernte. Und schließlich flammte der Funke seiner schöpferischen Kraft auf, um hinfort leuchtend zu brennen.

Seine Entdeckungen befreiten den amerikanischen Süden von der Herrschaft des Königs Baumwolle. Millionen von ausgemergelten Äckern gab er die Lebenskraft zurück und fand die neue Pflanze, um sie damit zu bestellen. Menschen, die es nicht über sich brachten, sich mit ihm an einen Tisch zu setzen oder ihn auch nur als „Herr" anzureden, nahmen nur zu gern teil an den Früchten seines Geistes.

Er ließ das Heim des armen Mannes in den Südstaaten heller werden. Er schenkte den Kindern Hoffnung.

Eines Tages wird jedermann erkennen, dass er, ohne sich selbst zu den Ungerechtigkeiten zu äußern, mit denen der schwarze Mann von der weißen Welt überhäuft wird, mehr als jeder andere getan hat, um den Tag herbeizuführen, an dem Schwarz und Weiß friedlich und gleichberechtigt Seite an Seite leben werden.

Er hieß George W. Carver, und an jedem Tag seines Lebens bemühte er sich, die Erde ein wenig reicher, gesünder und liebenswerter für alle Menschen zu machen – für weiße, schwarze, gelbe und rote. Und als er starb, waren alle, die lebten und noch leben sollten, plötzlich ärmer geworden.

Ein Pferd war der Preis

> *„Ich h-hab' die Rosen umgepflanzt, Ma'm ... In die S-S-Sonne ... Rosen brauchen S-S-Sonne, Ma'm."*
>
> Carvers George

Es war eine schlimme Zeit. Das Land stöhnte unter dem Krieg zwischen dem Norden und dem Süden. Den Farmern und Präriebewohnern Missouris schien es, als habe sich alles Leid Amerikas zwischen den Grenzen ihres Staats eingenistet. Gewiss, die meisten von ihnen besaßen einen Sklaven oder auch zwei, damit sie beim Pflügen des widerspenstigen Bodens eine Hilfe hatten, trotzdem hielten sie es mit Abe Lincoln und den Unionstruppen. Und nun waren ihre Prärien Niemandsland, ihre Äcker Schlachtfeld geworden. Freischärler aus dem freien Kansas und Buschklepper aus dem sezessionistischen Süden saugten dem Land in unaufhörlichen Kämpfen das Blut aus. Partisanen und Banditen zogen plündernd und mordend umher. Sie kamen in der Nacht, verbrannten Häuser und Ställe und die Ernte auf den Feldern, ohne lange zu fragen, wessen Besitz da in Flammen aufging. Sie stahlen Lebensmittel und verschleppten die Sklaven nach Louisiana und Texas, wo man sie zu wucherhaften Kriegspreisen versteigerte.

Auf dem Ozark-Plateau, in der Nähe der Siedlung Diamond Grove, bekam Moses Carver den Terror zu spüren. Maskierte Männer galoppierten eines Wintermorgens auf seinen Hof, legten ihm Daumenschrauben an und hängten ihn in einen Walnussbaum. Sie peitschten ihn und brannten ihm die nackten Fußsohlen mit glühenden Kohlen, während seine Frau Susan in ihrem Versteck vor Hilflosigkeit und Angst zitterte. Immer wieder schrien ihn die

Männer an: „Wo hast du dein Geld versteckt? Wo sind deine Nigger, du falscher Yankee?"

Sein Körper schrie nach Erleichterung, doch kein Laut kam Moses Carver über die Lippen. Das wenige, das er besaß, hatte er lange und schwer erarbeitet, und er war hart: Lieber wollte er sterben, als diesen Räubern nachgeben. Endlich hielten die Maskierten das aufgeregte Stampfen der Pferde im Stall für eine nahende Streife. Sie schossen einen Stall in Brand und verschwanden in der Dunkelheit.

Susan schnitt ihren Mann vom Nussbaum. Sie legte ihm Wegerichblätter auf die verbrannten Fußsohlen und weinte vor sich hin. Keiner von beiden sprach, bis Moses ihr endlich befahl, die Sklavin Mary mit ihren kleinen Kindern aus dem Versteck unter dem Melkhaus zu holen. Dann saß Moses allein in seinem Blockhaus und atmete schwer. Die Flammen des brennenden Stalles flackerten und tanzten in den Scheiben des einzigen Fensters. Moses dachte darüber nach, wie irrsinnig das alles war. Er hatte so schwer gearbeitet! Er hatte gegen Trockenheit, Unwetter und bittere Einsamkeit hier an der Grenze gekämpft. Dass jetzt Männer, die doch Menschen waren wie er selbst, absichtlich das Werk seiner Mannesjahre vernichteten, konnte er nicht begreifen.

Denn Moses Carver wusste, dass noch nicht alles vorüber war. Die nächtlichen Reiter kamen bestimmt wieder.

Er war in den mittleren Jahren, ein hagerer, bärtiger Mann, dessen Kraft seinem furchigen Gesicht anzusehen war – fast 150 Jahre konnte er seine Ahnenreihe zurückverfolgen, bis zu den Tagen, da seine Vorfahren auf der Suche nach Freiheit und Raum von England in die Neue Welt aufgebrochen waren. Generation um Generation waren sie weiter westwärts in jungfräuliches Land vorgedrungen. Im Jahre 1812 war Moses an der Grenze von Ohio geboren worden, und als er zwanzig wurde, war auch er weitergezogen. In Illinois nahm er Susan Blue zur Frau. Gemeinsam kamen sie stromabwärts nach Missouri, überquerten die Prärie und erreichten endlich die Walnussbäume und die grünen Weiden am Fuße der Ozark-Mountains. Hier, dicht an der Grenze zu Arkansas, erwarben sie ein Stück Land von 160 Morgen.

Es war ein ruheloses Leben. Eiskalter Winterwind wehte von den Bergen, und im Sommer schien es keinen Schutz vor der bösen Hitze zu geben. Ihr einziges Kind verloren sie wenige Tage nach der Geburt, und es hatte Gott nicht gefallen, ihnen ein zweites zu schenken.

Aber Moses Carver war ein beharrlicher Mann. Er kämpfte mit Wind, Boden und Sonne. Er baute ein festes Blockhaus und rodete mit Susans Hilfe das Land. Wo einst Wildnis gewesen war, lag jetzt eine ansehnliche Farm.

Er züchtete Pferde, und es waren gute Pferde. Andere Siedler in der Umgebung sagten, Moses Carver sei der anständigste und arbeitsamste Mann in ganz Newton County.

Aber er hatte seltsame Ideen. Zum Beispiel hielt er nichts vom Kirchgang, und doch hatte er ein Stück Land als Friedhof für die Toten von Diamond Grove hergegeben und in feierlicher Stille dabeigestanden, als der Pfarrer es weihte. Und dann sprach er auch heftig gegen die Sklaverei und behauptete, sie sei sündig und unmoralisch. Und doch hatte er selbst ein Mädchen als Sklavin gekauft. Niemand, nicht einmal Susan, wusste, welche inneren Kämpfe es ihn gekostet hatte, Geld für einen anderen Menschen zu zahlen. Er besaß keine Feldarbeiter wie die anderen Farmer. Mit eigenen Händen und gelegentlichen Helfern, die durch das Land gewandert kamen, hatte er alle die mühsame Arbeit geleistet, die getan werden musste, und so hatte es nach seinem Vorsatz auch immer bleiben sollen. Aber seiner Frau machte die Einsamkeit der langen Jahre zu schaffen. Susan hatte ihn gebeten, ihr ein Mädchen zu besorgen, das ihr bei der Hausarbeit helfen und mit dem sie sich während der endlosen Stunden unterhalten konnte, wenn ihr Mann auf den Feldern war. Und so war Moses vor sechs Jahren zu seinem Nachbarn, dem Colonel James Grant, gegangen und hatte 700 Dollar für Mary gezahlt. Damals war sie 13 Jahre alt, ein freundliches, aufgewecktes Mädchen, das bei der Arbeit sang. Bald war es, als habe Mary schon immer zur Familie gehört. Als dann Kinder kamen, zählten auch sie selbstverständlich zum Haushalt der Carvers, wenn sie am Leben blieben. Zwei kleine Mädchen lagen am Fuße des Berges begraben, wo auch Susans eigenes Kind zur Ruhe gebettet worden war. Aber die Tatsache, dass er Mary gut behandelte, hatte Moses' Gewissen durchaus nicht beruhigt. Sklaverei blieb Sklaverei, und ob man nun einen Menschen oder hundert kaufte, das war kein Unterschied.

Und nun, an diesem kalten Winterabend, war Moses Carver tief besorgt. Die Räuber würden wiederkommen, daran zweifelte er nicht. Wenn sie das Geld fanden, das er unter dem Bienenkorb versteckt hatte – nun gut. Stahlen sie ihm aber Mary, um sie irgendwo in der Fremde zu versteigern, dann musste er diese Schuld für den Rest seiner Tage mit sich herumschleppen.

Carvers Mary konnte ihre Ahnenreihe noch nicht einmal bis zu ihrer Mutter verfolgen. Wie so viele Kinder ihres Volkes war sie anscheinend ohne menschliches Zutun und ohne Liebe in das Leben eingetreten. Jetzt saß sie in der kleinen, einräumigen Hütte, in der sie mit ihren Kindern wohnte, und drückte den neugeborenen Jungen an die Brust. Fast pausenlos wurde sein gebrechliches Körperchen von qualvollem Husten geschüttelt. Mary wusste, wenn sie ihn nicht festhielt und ihr eigenes Leben in seinen Leib hineinbetete, musste der Kleine sterben.

Sie wiegte sich behutsam auf ihrem Stuhl hin und her, summte eine Melodie und ließ die sanften schwarzen Augen auf dem kleinen Jim und der vierjährigen Melissa ruhen. Sie lagen wach auf ihrem Rollbett und waren noch ganz steif von der Angst, die sie aus dem dunklen Kellerversteck mitgebracht hatten.

„Macht die Augen zu", sagte Mary. „Schlaft jetzt!"

Aber die Kinder starrten weiter in das Feuer, und die Mutter wiegte weiter den Körper hin und her und hielt das hustende Baby an sich gepresst. Sie fühlte sich alt, müde und weit über ihre Jahre hinaus wissend. Sie glaubte längst, dass ihr Volk für immer dem Elend bestimmt sei, und sie fürchtete, dass ihre eigenen Sorgen noch lange nicht vorüber wären. Zwei Babys hatte sie begraben, und der kleine Junge in ihren Armen schien sein Leben unter Schmerzen aushusten zu wollen. Sie hatte einen guten Mann gehabt. Aber beim ersten Schnee – das neue Baby war noch keine zwei Monate alt – hatte man von der Grant-Farm einen Boten herübergeschickt und ihr sagen lassen, dass er tödlich verunglückt war. „Er hat Baumstämme abgefahren", sagten die Boten mit niedergeschlagenen Augen, „und der Ochse ist unruhig geworden. Giles ist vom Wagen gefallen, und ein Stamm ist über ihn gerollt ..."

Sie sagten wohl noch mehr, denn sie sprachen lange, doch Carvers Mary hatte es nicht gehört. Giles war tot. Alles andere zählte nicht. Sie dachte eine Zeit lang an ihn, wie er – wann immer er konnte – von der Grant-Farm herübergekommen und dann neben ihr auf der Schwelle gesessen hatte. Die Nacht war niemals so finster, wenn er bei ihr gewesen war. Sie dachte an ihre eigene Mädchenzeit auf dem großen Hof, an das rote Steinhaus und an die Hütten dahinter. Dort saßen die Sklaven in den Sommernächten auf dem Boden und sangen die traurigen Lieder ihrer hoffnungslosen Hoffnung. Dann wurde Mary von Kummer und Schmerz überwältigt. Wie ein Kind hatte sie Mitleid mit den Sklaven, denn sie würden niemals glücklich sein. Und jetzt wusste sie, dass sie trotz aller Freundlichkeit der Carvers zu ihrem Volk gehörte – und der Fluch ihres Volkes ruhte auch auf ihr.

Das Baby hustete und wand sich in ihren Armen, weil es zu ersticken drohte. Mary führte ihm einen Löffel mit Honig und Rainfarn an die Lippen. Der Kleine schluckte, dann atmete er ruhiger.

Nein, niemals würde das Leid enden. Die maskierten Männer würden wiederkommen – früher oder später – und sie wegschleppen.

Sie kamen in der Woche vor Weihnachten, in einer Nacht, in der pfeifender Wind das Land peitschte. Wie im Traum hörte Moses das Hufgeklapper auf der gefrorenen Straße von Diamond Grove her. Er sprang aus dem Bett. „Lauf in den Keller!", befahl er Susan. Dann humpelte und hüpfte er auf den blasigen Füßen durch die Dunkelheit zur Hütte und rief: „Wach auf, Mary! Sie kommen!"

Er stieß die Tür auf, und die Reiter waren noch nicht auf dem Hof. Verzweifelt dachte er: Es ist noch Zeit! Aber Mary stand bewegungslos neben dem sterbenden Feuer, und ihre Augen blickten weit fort, als hätte sie nichts gehört und verstanden. Sie hielt das kranke Kind an sich gedrückte Die kleine Melissa klammerte sich an ihr Nachthemd.

„Beeil dich doch, Mädchen!", schrie Moses. „In einer Minute sind sie hier!"

Sie schien sich zu rühren, schien sich noch einmal umzusehen, ehe sie floh. Moses nahm den kleinen Jim vom Bett und versuchte, Melissas Hand zu fassen. Aber die Unruhe ängstigte das Mädchen. Die Kleine vergrub das Gesicht im Schoß ihrer Mutter.

„Bring das Mädchen mit!", rief Moses, während er zur Tür lief. „Und bleib dicht hinter mir!"

Der eiskalte Wind fegte in die offene Hütte. Verzweifelt suchten Marys Augen den kleinen Raum ab. Sie brauchte warme Kleidung für ihr krankes Kind! Eine Decke! Und indessen wurde das Hufgeklapper lauter. Blind und ziellos lief Mary von einer Ecke in die andere, bis endlich die maskierten Männer in die Hütte einbrachen, das Kind aus ihren Armen rissen und Mary gegen die Hüttenwand warfen. Dann banden sie ihr die Hände auf den Rücken, hoben sie auf ein Pferd und warfen ihr einen Schal um die Schultern. Wie betäubt von der jähen Kälte bat sie zitternd: „Bitte, wickeln Sie doch mein Baby gut ein."

Sie hörte keine Antwort, sondern nur den rauen Atem der Männer, die es eilig hatten, wieder aufzusitzen und fortzukommen. Gleich darauf jagten die Pferde die dunkle Straße hinunter.

„Sie haben sie", flüsterte Moses seiner Frau zu, als er das Geklapper hörte. „Sie würden sonst nicht so schnell weiterreiten."

„Mary! Mary!" Susan Carver weinte in der Dunkelheit des Kellers und hielt den kleinen Jim in den Armen.

Und Moses schloss die Augen und sagte: „Herr, vergib mir."

Am folgenden Morgen ritt er mit einem zweiten Pferd am Halfter nach Diamond Grove, um einen Mann namens Bentley aufzusuchen. Gegen Ende der schlaflosen Nacht war ihm der Gedanke gekommen, dass es vielleicht doch noch eine Möglichkeit gebe, Mary zu retten. John Bentley war früher selbst mit den Buschkleppern geritten, behaupteten die Leute, wenn er sich auch jetzt als Unionist bezeichnete. Es konnte doch sein, dass er wusste, wo er die nächtlichen Räuber einholen konnte. Jetzt, da er vor Bentley stand, verlor Moses Carver nicht viele Worte.

„Heute Nacht haben sie mir Mary und zwei von ihren Kindern gestohlen, Bentley. Ich will mich nicht in deine Angelegenheiten mischen, aber wenn du weißt, wo sie geblieben sind, zahle ich gut, wenn du ihnen nachreitest. Nimm Pacer mit. Es ist eines meiner besten Pferde. Kauf

Mary dafür frei. Bentley wischte sich mit dem Handrücken über das Kinn. „Was guckt für mich dabei heraus?", fragte er. „Bring mir das Mädchen zurück, dann gebe ich dir 40 Morgen Waldland", versprach Moses Carver.

Man wurde sich einig, und noch am Vormittag ritt Bentley südwärts. Dann wurden Moses und Susan Carver die Stunden lang. Jede fallende Walnuss klang wie Hufschlag, und im winterlichen Dämmerlicht konnte ein windgebeugter Busch aussehen wie ein Mädchen, das sich vor Kälte krümmte und endlich heimkam. Als die Nacht hereinbrach, saßen die Eheleute stumm beim Feuer. Der zweijährige Jim spielte zu ihren Füßen. Es gab nichts zu sagen, nichts zu tun. Man konnte nur warten.

Sie warteten fünf Tage. Weihnachten kam und ging. Es war eine düstere, freudlose Zeit. Moses stellte sich vor, wie Bentley jetzt vielleicht in einer Bar in Arkansas hockte, mit dem Handrücken über das Kinn fuhr und seinen Kumpanen lachend erzählte, wie ein blöder Yankee-Farmer ihm ein Pferd im Werte von 300 Dollar geschenkt habe, weil er sich eingebildet hatte, Bentley würde hinter einer Bande von Buschkleppern herreiten, die ihm sein Sklavenmädchen gestohlen hatten. Dann aber, am sechsten Tage, war draußen im kalten Regen wirklich ein Geräusch vor dem Haus. Moses lief zur Tür und Susan versuchte, mit ihm zugleich hinauszusehen. Es war Bentley. Er war allein, ritt sein eigenes Pferd und führte das Rennpferd hinter sich am Halfter.

Stumm und bewegungslos sahen sie zu, wie Bentley abstieg und ins Haus gestapft kam. Bei jedem Schritt zog er eine Tropfenspur hinter sich her. Dann holte er ein nasses, schmutziges Bündel unter seiner Jacke hervor und streckte es den Carvers entgegen, doch keiner von ihnen griff danach. „Das ist alles, was ich kriegen konnte", sagte Bentley. „Ob es noch lebt, weiß ich nicht."

„Das Baby!", schrie Susan auf und riss das triefende

Bündel an sich. Sie nestelte die Lumpen auseinander und sah in das verzerrte dunkle Gesichtchen des Kleinen. Die Lippen und Augenlider waren fast blau. Das Kind lag ganz still in Susans Armen, wie ein neugeborener Sperling, der im Nest gestorben war.

Sie lief, um Milch zu wärmen, dann fiel sie neben dem Herd auf die Knie und streifte das nasse Leinen von dem dürren Körperchen. Nackt hielt sie es so dicht ans Feuer, wie sie nur wagte. Sie drückte seine kleine Brust, ließ Moses nach der Milch laufen und nach einem Löffel Zucker, den er darin verrühren sollte. Dann führte sie einen Löffel an die blauen Lippen. Ihr Gesicht spannte sich und wurde blass, als die Milch dem Kind über das Kinn tröpfelte. Dann aber regte es sich, schluckte, schrie schwächlich und tastete mit den Lippen nach mehr.

„Es lebt! Wenigstens lebt es noch!", sagte Susan mit Tränen in den Augen.

John Bentley stand stumm dabei. Er konnte sich nicht erklären, warum sich jemand so über ein krankes Kind einer Sklavin aufregen konnte. Doch als er dann sprach, klang seine Stimme sanft. „Das mit dem Mädchen tut mir leid. Ich habe die Bande nicht einholen können." Mit dem Daumen deutete er auf das wimmernde Kind und sagte: „Ich glaube, dafür kann ich dein Waldland nicht annehmen, Moses."

Moses versuchte, den Blick von dem schrecklichen Bild am Herd abzuwenden. Das Baby hing nur noch an einem dünnen Lebensfaden, und Susan kämpfte erbittert darum, diesen Faden zu stärken. Sorgsam ließ sie Tropfen um Tropfen gezuckerter Milch zwischen die Lippen tropfen und wartete geduldig, wenn der kleine Körper vom Husten geschüttelt wurde. „Ganz still jetzt, ganz still, mein Kleiner!"

„Behalte das Pferd!", sagte Moses zu Bentley. „Du hast

dein Bestes getan und wenigstens den Jungen zurückge-
bracht."

Bentley nickte. Er war zufrieden.

„Weißt du, wohin sie geritten sind?", fragte Moses.

„Nach Süden, weit nach Süden. Ich bin ihnen durch
halb Arkansas nachgeritten, aber sie waren mir immer noch
um einen Tag voraus und hatten es anscheinend sehr eilig,
zum Mississippi zu kommen." Im Bergland habe er ihre
Fährte verloren, sagte er, und dann sei er endlich um-
gekehrt. Zuerst habe er unterwegs gehört, Mary sei tot,
aber dann habe man ihm auch wieder gesagt, sie sei an
nordwärts ziehende Soldaten verkauft worden. „Aber ich
glaube, sie war immer noch bei den Dieben. Man wird sie
weiter unten am Fluss verkaufen. Sie und ihr anderes
Kind."

„Und der Junge?", fragte Moses. „Wo hast du den Jungen ..."

„Ach den ... Den haben sie ein paar Frauen in der Nähe
von Conway gegeben. Er ist ja doch nichts wert."

Er wurde George genannt, Carvers George; sein erstes Jahr
war ein einziger Kampf ums Überleben. Gebrechlich und
schwach wurde er das Opfer jeder nur möglichen
Kinderkrankheit, und jede brachte ihn an den Rand des
Todes. Aber endlich war es durch Susans beharrliche Pflege
und eine unerklärliche Zähigkeit in der schwachen Brust
des kleinen Jungen geschafft. Er überwand seine scheinbar
unausweichliche Bestimmung. Der ständige Husten hatte
seine Stimmbänder angegriffen. Jetzt klang seine Stimme
wie das Zirpen eines verängstigten Vogels. Und irgendeine
unbewusste Erinnerung, vielleicht dieselbe Furcht seiner
Rasse, die auch Mary gequält hatte, lähmte seine Zunge, so
dass er mitleiderregend stotterte. Er war fast drei Jahre alt,
ehe er die Stube ohne fremde Hilfe durchqueren konnte,
und dieses Abenteuer ließ ihn vor Erschöpfung und Tri-

umph keuchen. Aber er lebte, und das war der größte aller Triumphe!

Der Krieg endete. Die niedergebrannten Ställe wurden wieder aufgebaut, die Felder bestellt. Bald zeigten sie der Frühlingssonne erstes Grün. „Ihr seid jetzt frei!", sagte Moses Carver zu George und dessen älterem Bruder Jim. „Alle Sklaven sind jetzt frei! Ihr könnt gehen, wohin ihr wollt!"

George verstand nicht, und Jim grinste nur.

„Tante Susan und ich, wir hätten euch gern weiter bei uns wie bisher. Aber vergesst nicht, ihr müsst nicht bleiben. Die Sklaven sind frei!"

Jim nickte, und damit war alles gesagt. Am Abend krochen die beiden Jungen auf den Boden des Blockhauses und schliefen auf ihren mit Maishülsen gefüllten Säcken, wie sie es immer getan hatten. Es sollte lange dauern, bis Carvers George herausfand, was Onkel Moses gemeint hatte und was es bedeutete, frei zu sein. Und Jim sollte es niemals erfahren.

Jim hatte bald genug damit zu tun, die Schafe zu scheren und beim Heumachen und Melken zu helfen. Moses, der sich nun schon den Sechzigern näherte, war froh, den starken braunen Jungen neben sich auf den Feldern zu haben. George aber kämpfte noch immer um einen festen Lebenshalt. Er rührte sich selten aus der Küche. Nach wie vor sah er wie ein verschreckter Vogel aus. Die dunklen Augen waren zu groß für das noch dunklere Gesicht, seine Arme und Beine dürr wie Schilfrohr. Den ganzen Tag über verfolgte er Tante Susan auf Schritt und Tritt und ahmte ihre Bewegungen nach, wenn sie den Fußboden wischte oder die Zinnteller putzte.

„Hier!", sagte die Tante eines Morgens und gab ihm einen Besen. „Es ist Unsinn, wenn du das alles für nichts und wieder nichts machst!"

Er war begeistert und fegte mit Schwung. Lächelnd

beantwortete er ihr Lächeln, wenn ihre Blicke sich trafen. Im Laufe der Monate übernahm er auch andere Arbeiten: Waschen, Geschirrspülen und sogar Kochen. Alles tat er hingebungsvoll und summte dabei zuweilen eine Melodie, die in Susan die schmerzliche Erinnerung an seine Mutter weckte. Hin und wieder, wenn Susan im Garten war oder am Brunnen, glaubte George, sie könnte ihn nicht hören. Dann erfand er Worte für seine Melodie. Er sang sie mit seiner kleinen, hohen Stimme ohne alles Stottern.

Es gab immer viel zu tun, denn die Farm an der Grenze war eine Welt für sich. Es wäre schlimm gewesen, hätte man sich auf irgendwen oder irgendetwas außerhalb des eigenen Zaunes verlassen müssen. George sah zu, wie Tante Susan Wolle oder Flachs für die Kleider spann, und bald drehte er selbst tüchtig die Spindel. Er lernte, wie man Felle gerbt, Schuhe näht und Schinken räuchert. Gemüse musste gesät, geerntet und eingekocht werden, Kerzen gezogen und Gewürze gemahlen werden. War jemand krank, so musste man Wurzeln ausgraben, aus denen Tante Susan Medizin braute. Nichts wurde verschwendet. Nur Zucker und Kaffee kamen aus der Stadt. Diese Jahre der Sparsamkeit und der Selbsthilfe sollten das Leben des Jungen entscheidend prägen helfen.

Seine Neugier war unersättlich, sein Lerneifer erlahmte nie. Es kam ihm nicht in den Sinn, es merkwürdig zu finden, dass ein Junge Frauenarbeit tat. Mit seinen schnellen Händen und dem flinken Verstand versuchte er alles. Eines Nachmittags sah er Tante Susan beim Stricken zu und sagte dann: „D-Das k-k-kann ich auch!" Mit einer Truthahnfeder vom Hof und einem aufgezogenen Fausthandschuh saß er neben ihr und lehrte sich selbst das Stricken. Bis zum Sommer konnte er auch häkeln und sticken. Wenn Tante Susan ein schwieriges Muster begann, brauchte sie ihm nur zu erklären, wie es am Ende aussehen sollte. Dann gingen sie, jeder für sich, an die Arbeit. Hernach konnte Moses nicht unterscheiden, welche Stiche von George, welche von seiner Frau stammten.

Moses hatte einen besonderen Grund, sich über die Geschicklichkeit des Jungen zu freuen. Seit Wochen drückten ihn seine Arbeitsschuhe. „Ich bin nun mal kein guter Schuster", sagte er brummig und schnitt sogar die Fersen aus den Socken, um sich Erleichterung zu verschaffen. Trotzdem hinkte er, und seine Füße waren voller Blasen. Dann nahm George beide Schuhe völlig auseinander, änderte sie, nähte sie wieder zusammen und strickte dann auch die Socken so an, dass niemand mehr sehen konnte, dass sie jemals zerschnitten gewesen waren. Dann sagte er: „V-Versuch mal, Onkel Moses!" Die Schuhe bereiteten keinen Ärger mehr.

Oft saßen Tante Susan und George auf der Bank neben der Regentonne, sie eine alternde, weißhaarige Frau, er ein schmächtiger schwarzer Junge, und nähten gemeinsam im Dämmerlicht, bis Onkel Moses und Jim von den Feldern kamen. George fragte dann wohl, wohin die Sonne ging, wenn sie hinter den Hügeln verschwand, woher der Regen kam und warum die Rosen an der Tür gelb, die unter dem Fenster aber rot waren. Manchmal erzählte ihm Susan von seiner Mutter, und dann hörte er sehr still zu. „Sie war flink wie du. Lesen konnte sie nicht, aber sie hatte ein gutes Gedächtnis. Wenn wir einmal ein Rezept aus dem Kalender ausprobiert hatten, kannte sie es auswendig."

Wieder kam ein Frühling. George gewöhnte sich daran, viel im Wald zu sein. Er hatte dort eine verborgene kleine Lichtung entdeckt, auf der die Natur alle ihre Wunder vorführte, wenn ein Mensch nur sehen und hören wollte. Er spähte unter die Baumrinde und beobachtete die krabbelnden Insekten. Er studierte die wilden Blumen, die sich an die Sonne drängten, und jene, die den Schatten suchten. Er lauschte auf das Quaken der Frösche, das Zwitschern der Vögel, und er spürte in sich das Verlangen, diese geheimnisvolle, vielfältige Welt kennen und verstehen zu lernen. Warum flohen die Nachtfalter vor der Sonnenwärme? Warum konnten die Lilien ohne Sonne nicht leben? Warum lieferten Wurzeln, die einander genau glichen, eine so verwirrende Vielfalt farbiger Blüten? Was wurde aus dem weichen, weißen Flaum, der dem Löwenzahn entschwebte?

George liebte das Gefühl warmer Erde in seinen Händen. Jahre später erinnerte er sich daran und sagte: „Die Leute morden ein Kind, wenn sie ihm befehlen: ‚Bleib aus dem Schmutz!‘ Im Schmutz steckt ja das Leben!"

Bald war er auf der Lichtung mehr zu Hause als im Blockhaus der Carvers. Die Stunden verflogen, wenn er auf den Knien lag, einen Farnzweig betrachtete und die Tapferkeit bewunderte, mit der ein neuer Trieb sich durch die Schicht toter Blätter vom letzten Winter zwängte. Farne, Blumen und Kürbisse wurden für ihn die Spielzeuge und Freunde, die er nie gehabt hatte. Er spielte und sprach mit ihnen. Die Entdeckung eines neuen Pflänzchens oder einer neuen Blüte ließ sein Herz stürmischer klopfen.

Vorsichtig schloss er nun auch Freundschaft mit Tante Susans Pflanzen. Er trug Wasser für die Zuckererbsen und kniff welke Blüten von den Geranien. Einmal sah Jim, wie George sich mit den gelben Rosen an der Tür beschäftigte. „Was machst du mit den Blumen?", fragte er.

„Ich liebe sie", antwortete George.

Unter seinen Händen erblühten die Rosen, und die Geranien schienen nie zu gilben. Als Mrs Baynham zu Besuch kam und klagte, ihre Rosen sähen niemals so herrlich aus wie die von Susan Carver, versprach Tante Susan, ihr George einmal zu schicken. „Das liegt nämlich nur an ihm", sagte sie. „Er muss einen Zauber haben, um alles wachsen zu lassen."

Und so kletterte George eines Sommertages über den Zaun und ging querfeldein zum Hause von Mrs Baynham, das einmal Colonel Grant gehört hatte. Hier hatten seine Eltern gelebt. Er versuchte, sich vorzustellen, wie sie über die Felder gegangen waren. Aber es fiel ihm schwer, das Bild seiner Eltern herbeizuzwingen. Er wurde auch bald durch das große rote Steinhaus von diesem Versuch abgelenkt. Bewundernd umkreiste er es. In der Mittagshitze war alles still. George fühlte sich wie allein in einem fremden Land. Es gab nur ihn, das mächtige Haus und die Rosen. Er fand sie an der Nordwestseite und wusste sofort, warum sie so kümmerlich waren. Nur in den frühesten Morgenstunden konnte die Sonne sie erreichen. In einer guten Stunde hatte er sie umgepflanzt und begossen und bei der Arbeit sein seltsames kleines Lied gesummt. Dann ging er zur Hintertür, um Mrs Baynham zu begrüßen.

Die Küche war verlassen wie der Hof. Aber im Hause war es einladend kühl, und fast gegen seinen Willen trugen ihn die Füße durch das Speisezimmer zur Eingangshalle. In der vornehmen Stille wagte er kaum zu atmen. Die Wände waren bemalt, die Möbel glänzten, und als er nun in der Tür zum Salon stand, sah George das Verblüffendste von allem: überall im Raum hingen Bilder, wunderbare Bilder von Wäldern und Blumen. Selbst der bärtige alte Mann, der auf ihn herunterblickte, kam George wunderschön vor. Hungrig ging er von einem Gemälde zum anderen, als wolle er sich jeden Pinselstrich und jede Farbe einprägen. So sehr war er in diesen Zauber versunken, dass er Mrs Baynham erst bemerkte, als sie hinter ihm stand und sagte: „Gefallen dir die Gemälde, George?"

Er fuhr fluchtbereit herum, doch sie lächelte ihm zu. „Ich ... ich ..."

„Bist du gekommen, um nach den Rosen zu sehen?"

Er fand seine Stimme wieder. „Ich h-hab' die Rosen umgepflanzt, Ma'm ... In die S-S-Sonne ... Rosen brauchen S-S-Sonne, Ma'm."

„Ich danke dir, George. Und das hier nimm für deine Mühe!"

Sie drückte ihm eine Münze in die Hand, die er fest umklammerte, als er sich rückwärts aus dem Zimmer entfernte. Als er wieder über die Felder ging, dachte er weder an die Münze noch an die Rosen. Er sah immer nur diese Bilder vor sich. Und am Abend quetschte er den Saft aus dunklen Kermesbeeren, tauchte die Fingerspitzen hinein und zeichnete sorgfältig einen Kreis auf einen flachen Stein. Von diesem Tage an begann er zu malen. Mit einem Stück Zinn kratzte er Gesichter auf Steine, und auf jedes ebene Stückchen Boden zeichnete er die Umrisse von Blumen.

Mrs Baynhams Rosen gediehen prächtig, und die alte Dame sang überall Georges Lob. Nun kamen auch andere Nachbarn zu ihm. „Warum geht meine Begonie ein, George?" „Warum sind meine Rosen so fleckig?" Und er suchte Ungeziefer von den Rosen, begoss die Begonien und umwickelte sie mit Stroh. Und später sagte er dann zu Tante Susan: „Sie schauen ihre Blumen nur an, aber sie sehen sie nicht wirklich, sonst wüssten sie genau wie ich, was ihnen fehlt."

Stand es mit einer Pflanze ganz schlimm, so grub er sie aus und nahm sie mit auf seine geheime Waldlichtung, reinigte die Wurzeln und pflanzte sie in den reicheren Waldboden, um sie wieder gesund zu pflegen. Die Nachbarn nannten ihn den Pflanzendoktor, und im weiten Umkreis wusste jedermann, dass Carvers George alles zu heilen wusste, was in der Erde wuchs.

Er merkte, dass Petunien im Lehmboden verblassten und manchmal sogar eingingen. Mischte er ihnen aber Sand in die Erde, dann erholten sie sich. Wahrscheinlich, so dachte er, können manche Pflanzen eben nicht so reichliche Kost vertragen wie andere. Er selbst durfte ja auch nicht zu viele von Tante Susans Maiskuchen essen, wenn er keine Magenschmerzen bekommen wollte. Jetzt prüfte er alle seine Pflanzen in verschiedenen Bodenmischungen. Er spürte Käfern und Würmern nach, die an den Wurzeln nagten. In jenem Sommer ärgerte sich Onkel Moses, weil sein bester Apfelbaum kränkelte. George kroch in den Zweigen herum, bis er den einen fand, in dem sich eine ganze Mottenkolonie eingenistet hatte. „Säg den Ast ab, Onkel Moses", sagte er, „dann geht es dem Baum wieder besser."

„Es gibt nichts, wovon dieser Bengel nichts weiß", sagte Onkel Moses erstaunt zu seiner Frau.

In Wahrheit gab es vieles, was George nicht wusste. Warum liebten Bienen den Klee ganz besonders? Warum blühten manche Pflanzen im Frühling, einige im Herbst und andere gar nicht? Wie konnte aus einem Samenkorn eine drei Meter hohe Sonnenblume werden? Die Tage waren nicht lang genug für ihn. Er fand nicht genügend Zeit, über alle Geheimnisse der Natur nachzudenken. Darum brachte er Käfer, Tabakraupen und Eidechsen mit an den Herd, um sie im Feuerschein zu beobachten. Sie waren seine Schätze wie Steine, Blumenzwiebeln und Baumblätter.

„Hinaus damit!", befahl dann Tante Susan regelmäßig. „Alle diese Dinge verschwinden sofort aus meinem Haus!"

Dann trug George seine Schätze zögernd und bedrückt hinaus, um zwei Tage darauf einen Frosch und einen Maikäfer heimzubringen. Im Herbst brachte er zehn starke Wolfsmilchstengel mit in die Küche, denn er wollte beobachten, wie die Samenkapseln aufsprangen. Tante Susan warnte ihn, es setze Prügel, wenn es Schmutz in ihrer Wohnung gebe.

An einem Spätnachmittag, als Mus auf dem Herd kochte und frische Butter bereitstand, um in die Milchkammer getragen zu werden, saß George vor dem Haus, als er plötzlich einen fassungslosen Schrei hörte. Er stürzte in die Küche. Tante Susan stand stockstill und sprachlos inmitten eines flauschigen Wirbels. Die Samenkapseln an den Wolfsmilchstengeln hatten sich fast gleichzeitig geöffnet. Der Luftzug vom offenen Fenster ergriff die weißen Samenfäden, trieb sie durch das Haus, senkte sie auf das Mus, die Butter und das frische Wasser im Eimer. George sah es mit entzücktem Staunen.

Sobald sie die Sprache wiedergefunden hatte, rief Susan nach Moses. Der kam und betrachtete das häusliche Unheil.

„Ich verlange, dass du mit dem Jungen in die Scheune gehst!", forderte sie. „Sofort!"

Der alte Mann und der Junge marschierten zur Scheune. George war noch immer von diesem Wunder bezaubert und sagte: „Du hättest sehen müssen, wie die Kapseln aufgesprungen sind!" In der Scheune nahm er zehn Schläge über das bloße Hinterteil geduldig hin und sagte dann: „Du hättest es wirklich sehen sollen, Onkel Moses!"

Der alte Mann schüttelte den Kopf und sagte: „Ja, ich glaube, ich hätte es wirklich sehen sollen." Dann gingen beide gemeinsam ins Haus zurück und halfen Ordnung schaffen.

In Locust Grove, eine halbe Meile vom Blockhaus der Carvers entfernt, stand eine Hütte mit einem einzigen Raum. Sonntags diente sie als Gotteshaus. Dann kam ein Geistlicher herbeigeritten, um Gottesdienst zu halten. An den Wochentagen war sie Schulhaus. Manchmal saß George dort auf der Schwelle und hörte zu, wie der Lehrer aus einem Buch vorlas oder die Kinder aufsagten, was sie gelernt hatten. Hinter dieser Tür lockte ihn eine neue Welt. Sie war angefüllt mit ungeträumten Träumen und einer so atemberaubenden Vision, dass George ihre gleißenden Versprechungen zuerst gar nicht recht begreifen konnte. Wie herrlich musste es sein, zu lernen, lesen zu können, eine Antwort auf seine zahllosen Fragen zu finden!

Er rannte fast den ganzen Heimweg, fand Moses auf dem Feld und war so aufgeregt, dass er stotterte: „W-Wann k-k-kann ich z-zur Schule gehen, Onkel Moses? Bin ich alt genug? Ja?"

Der alte Mann wischte sich den Schweiß von der Stirn und suchte den Himmel nach Worten ab. Wie kann man einen Traum sanft zerschlagen? Wie kann man einem vor Lernbegierde fast berstenden Jungen sagen, dass die Sklaven zwar frei seien und nach dem Gesetz von Missouri keinen anderen Herrn als Gott über sich hätten, dass George aber trotzdem niemals zur Schule von Locust Grove oder sonst einer Schule für weiße Kinder gehen könne?

„Darf ich gleich morgen gehen, Onkel Moses?", bettelte der Junge.

Endlich nahm ihn Moses Carver bei den Schultern und sagte klipp und klar nein. „Dort sind schwarze Jungen nicht zugelassen, weißt du."

„Schwarze Jungen ...", wiederholte George.

Er wusste, dass er schwarz war. Er sah es im Spiegel. Aber bisher hatte das nur bedeutet, dass sein Gesicht eben dunkler war als das von Tante Susan. Die roten Rosen waren ja auch dunkler als die gelben. Aber beides waren Rosen. Eine war nicht besser als die andere. Jetzt aber musste er begreifen, dass es bei den Menschen anders war. Eine weiße Haut war besser als eine schwarze. Niedergeschlagen verkroch er sich auf seiner geliebten Waldlichtung. Sein Verstand musste mit diesem Schlag fertig werden. Er musste versuchen, Falsches und Wahres mühselig voneinander zu trennen. In der Natur – an der er so leidenschaftlich hing – beschien die Sonne alle Pflanzen, und der Regen tränkte sie alle. Ihre Farbe spielte dabei gar keine Rolle. Das war eine Wahrheit, und das war richtig. Aber wie konnten erwachsene Menschen dann einen so großen Fehler machen? Es gab keine Antwort. Carvers George presste die Wange an die Erde und weinte; er fühlte sich von Furcht und dunklen Vorahnungen bedroht. Aber er weigerte sich, seinen Traum aufzugeben.

Tante Susan kramte eine alte Fibel aus der Truhe, die sie aus Illinois mitgebracht hatte, und lehrte ihn die Buchstaben des Abc. Nach wenigen Wochen kannte er jede Zeile des Buches auswendig, und er konnte jedes Wort buchstabieren, wenn er auch noch nicht immer die Bedeutung verstand. Moses brachte ihm einfaches Rechnen bei und führte seine Hand, bis er auch ohne Hilfe seinen Namen schreiben könnte. Stundenlang blätterte George im Kalender. Dann rief er strahlend die Wörter, die er erkannte, und mühte sich, hinter den Sinn der Sätze zu kommen. Und immer wieder hockte er auf der Schwelle der Schule und malte sich aus, wie schön es sein musste, dort drinnen unter den anderen sitzen und lernen zu dürfen. Aber was er von drinnen hörte, war zu wenig. Es war niemals genug.

Manchmal schenkte ihm Onkel Moses ein paar Pennys und ließ ihn mit Jim nach Neosho gehen. Die Kreisstadt lag acht Meilen entfernt und war für George der geschäftigste Ort der Welt. Alle Gesichter waren dort fremd, wenn manche von ihnen auch schwarz waren wie sein eigenes.

Die Brüder hatten sich getrennt, weil Jim nach einem Angelhaken Ausschau halten wollte. Sie hatten verabredet, sich am nördlichen Stadtrand zu treffen, sobald die Sonne hinter den Kirchturm sank. George schlenderte umher und stand plötzlich vor einem Blockhaus, in das viele schwarze Kinder gingen. Als die Tür sich hinter dem letzten geschlossen hatte, presste George das Ohr daran, und er hörte die nun schon vertrauten Geräusche des Schulunterrichts. Aber diese Kinder waren schwarz gewesen wie er selbst! Also musste es eine Schule für Schwarze sein!

Er lief los und suchte Jim. Dann hatte er es so eilig, seine Neuigkeit loszuwerden, dass er vor Stottern kaum ein Wort hervorbrachte. Der ältere Bruder schüttelte ihn. „Langsam! Langsam! Ich verstehe dich ja nicht!"

„Ich k-kann nichts d-dafür ..."

„Doch, du kannst! Sprich langsamer!"

George atmete tief und begann noch einmal von vorn. „Hier gibt es eine Sch-Schule, eine Schule für Schwarze! Jim, da möchte ich h-hingehen!"

Unter der sinkenden Abendsonne gingen sie die staubige Landstraße entlang. Sie waren so unterschiedlich wie nur möglich. Groß und kräftig war der eine, klein und zart der andere. Jim verstand den Bruder nicht. Er begriff nicht, was er an dieser alten Fibel fand oder gar an all den Blumen, Pflanzen und Steinen. Aber immer hatte zwischen ihnen eine Gemeinsamkeit bestanden, die stärker als alle Unterschiede war. Und jetzt fürchtete Jim um ihn. Es war so maßlos, was er sich in den Kopf gesetzt hatte! Er wusste nicht, was er dazu sagen sollte. Er wirbelte den Staub mit den Füßen auf und fragte: „Und wo willst du wohnen?"

„Ich weiß nicht."

Jim blieb stehen und wurde plötzlich böse. „Na also! Welchen Sinn hat es dann? Du hast eine gute Familie, du lernst alle Wörter, die in Tante Susans Buch stehen ..."

„Ich möchte alle anderen Wörter auch lernen", sagte George mit seiner aufgeregten, schrillen Stimme. „Ich möchte so viele Wörter können, dass ich selbst ein Buch schreiben kann!"

Jim sah den jüngeren Bruder forschend an, dann ging er weiter. Es ist sinnlos, dachte er. Niemals werde ich den Kleinen verstehen. Sicher ist nur eines: Wenn George sagt, er wolle zur Schule gehen, dann geht er auch!

Das wusste auch Moses Carver. „Ich kann dich nicht halten", sagte er ruhig, als George ihm von seinem Plan erzählte. „Und ich will es auch nicht, selbst wenn ich es könnte. Aber wo willst du wohnen? Und wo essen?"

Der Junge hob die schmächtigen Schultern und sah zu

dem bärtigen Mann auf. Seine Augen verrieten ihn. Sie waren nicht so selbstsicher wie seine Worte. „Ich kann doch kochen und aufwischen ..."

„Lass dir Zeit, Junge!"

„Und Feuer machen!"

Moses nickte ernsthaft, legte George die Hand auf den Kopf und alles war geregelt.

Tante Susan packte ihm noch eine Anzahl Speckbrote ein, und dann stand sie eines Herbstmorgens stumm und traurig mit Moses und Jim vor der Tür und sah den schmächtigen Jungen durch das Tor in eine unbekannte Welt gehen. Ein paar von seinen Kräutern und ein sauberes Hemd hatte er in dem Bündel, das über seiner Schulter hing. Er sah so schrecklich allein aus auf der Straße, die erst am Horizont endete – ein kleiner schwarzer Fleck vor einem riesigen Himmel. Das war im Jahre 1875. Carvers George war damals um die 14 Jahre alt.

Die Rosen und Dornen

Dieser Junge sagte mir, er wolle in Neosho lernen, woher Schnee und Hagel kommen, und ob man die Farbe einer Blüte verändern könne, wenn man ihren Samen verändere. Das muss man sich einmal vorstellen! Ich sagte ihm, er würde das alles in Neosho niemals erfahren und wahrscheinlich auch nicht in Joplin oder gar in Kansas City. Aber dabei hatte ich immer das Gefühl, er würde es doch herausfinden – irgendwie.

Mariah Watkins

Neosho war einmal die Hauptstadt von Missouri gewesen. Während des Krieges hatten Truppen und Rebellen in den Straßen gekämpft. Sie hatten das Gerichtsgebäude niedergebrannt und die Bevölkerung in Schrecken versetzt. Erst jetzt, ein Jahrzehnt später, erholte sich die kleine Stadt allmählich von den Verwüstungen der großen Rebellion. Eine der drei Bleiminen arbeitete wieder, eine neue Mühle war gebaut worden. Das Büro für Freigelassene, das aus Korruption und aus scheinbarer Hilfe für die vier Millionen befreiten und verstörten Spielsteine dieses Krieges bestand, war gekommen und wieder gegangen – nur die Lincoln-Schule für schwarze Kinder zeugte noch von seiner Arbeit.

Jetzt stand Carvers George, der von seinem Traum nach hier getrieben worden war, lange vor der baufälligen Hütte. Sie war leer, und ihre Tür war verriegelt, denn die Sonne war schon längst hinter dem Kirchturm verschwunden. Dann war es plötzlich dunkel, und George fühlte sich klein und einsam. Niemand in der Stadt kümmerte sich um ihn oder wusste auch nur, dass es ihn gab. Er sehnte sich nach dem Blockhaus der Carvers. Jetzt saßen sie dort wahrscheinlich am Kamin, mit vollen Mägen, und die Geräusche der Nacht klangen ihnen freundlich in den Ohren.

Was sollte er tun? Wohin sollte er gehen? Er hatte jetzt nur noch seinen Traum, und er war nicht sicher, dass er ihm über diese erste Nacht hinweghelfen würde.

Er umkreiste die Schule, erschrak vor jedem Knacken, hungerte, fürchtete sich und hatte sich noch nie so allein gefühlt. Er überstieg einen Zaun und erreichte den dunklen Schatten eines Stallgebäudes. Plötzlich schmerzten seine Beine vor Müdigkeit, und als er die offene Tür fand, schlüpfte er hinein und vergrub sich im Heu. Mit aller Kraft versuchte er, sein Zittern zu unterdrücken. Er roch die Pferde, die er so gern mochte. Bald versuchten seine Augen nicht mehr angstvoll, die Dunkelheit zu durchdringen. Er aß das letzte Speckbrot, lehnte sich zurück, sah Tante Susan stricken und Onkel Moses im Feuer stochern. Dann schlief er ein.

Verfroren und verkrampft erwachte er, kletterte aus dem Heu, trat vor die Tür und stand im Morgennebel, der vom Boden aufstieg. Er lief zum Schulhaus und streifte dabei das Heu von seinen Kleidern. Aber die Schule war noch immer geschlossen. George kehrte zum Stall zurück und verspürte großen Hunger. Am Zaun standen Sonnenblumen. George löste Kerne aus den Blüten und zerkaute sie, auf einem Stapel Brennholz sitzend, ohne das kleine Haus auf der anderen Seite des Hofes zu beachten. Jetzt trat eine hagere schwarze Frau aus der Hintertür und sah den Jungen.

„Was machst du hier?", fragte sie.

„Ich sitze bloß hier", erwiderte George.

„Das sehe ich."

Die Hände in die Hüften gestemmt sah sie streng auf ihn hinunter. George kam auf die Füße und musste zweimal schlucken, ehe er ein weiteres Wort hervorbrachte. „Ich w-warte, d-dass d-die Schule aufgemacht wird."

„Da kannst du lange warten, heute ist Samstag."

„S-Samstag", echote er ratlos. „Ich ..."

„Hör doch auf zu stottern! Ich beiße ja nicht. Wo ist deine Familie?"

„In D-Diamond Grove. Mr Moses Carver und ..."

„Und du willst hier zur Schule gehen?"

„Ja, Madam!"

„Hast du Hunger?"

„Ja." Zum erstenmal bemerkte George, dass die Frau, die so kurz angebunden sprach, sanfte Augen hatte wie Kerzenlicht.

„Geh dort drüben zur Pumpe und wasch dich, und – komm dann rein!" Sie nahm ein paar Holzscheite und ging ins Haus zurück.

George starrte ihr einen Augenblick nach, dann wusch er sich gründlich Gesicht und Hände. Als er schüchtern an die Hintertür klopfte, hing schon süßer Biskuitduft in der Luft, und gleich darauf strich er Sirup auf das goldgelbe, warme Gebäck, als hätte er gerade eben erst das Wunder des Essens entdeckt.

So kam George in das Haus der Wäscherin Mariah Watkins, die auch den Dienst einer Hebamme versah und so voll Güte war, dass sie sich verantwortlich fühlte für alle heimatlosen Kreaturen, die ihr begegneten. Schon seit Langem hatte sie gelernt, ihr weiches Herz hinter einer Maske von Strenge zu verbergen; sie wäre sonst beim An-blick jedes unglücklichen und hungrigen Wesens wie Carvers George in Tränen ausgebrochen. Sie und ihr Mann, der fleißige Gelegenheitsarbeiter Andrew, hatten keine Kinder, doch Mariah betrachtete alle Mädchen und Jungen, bei deren Geburt sie geholfen hatte, als ihre Babys, selbst wenn sie längst geheiratet und eigene Familien gegründet hatten.

Den ganzen Vormittag beobachtete George, wie Mariah Körbe von Wäsche wusch, und das Interesse des Jungen wuchs noch, als ihr Mann zum Mittagessen heimkam. Die beiden flüsterten miteinander und warfen George prüfende Blicke zu. Dann kam Mariah zu ihm und sagte: „Wenn du arbeiten willst, kannst du bei uns bleiben."

„Ich will gern arbeiten", versicherte George atemlos, fast verzweifelt. „Ich bin ein guter Arbeiter, Madam, wirklich! Ich kann putzen und Feuer machen und ..." Er unterbrach sich und fragte dann ängstlich: „Aber ich darf doch zur Sch-Schule gehen?"

„Selbstverständlich", versicherte Mariah. „Deswegen bist du doch hergekommen, nicht wahr?"

Der grauhaarige Andrew Watkins lächelte ihm zu. „Mich nennst du Onkel Andy, hörst du? Und das ist Tante Mariah. Wir freuen uns sehr, dass wir dich bei uns haben, Söhnchen."

Und George sagte: „Vielen Dank – euch beiden." Und dann wandte er sich ab, weil sie seine Tränen nicht sehen sollten.

Am Abend, als Mariah im einzigen Raum des Hauses einen Schlafplatz mit Vorhängen abteilte, versuchte George nochmals, seine Dankbarkeit auszudrücken. „Ich hab' aber mächtiges Glück gehabt, dass ich mich gerade auf diesen Hof g-gesetzt habe."

Mariah unterbrach ihre Arbeit. „Mit Glück hat das nichts zu tun, mein Junge", sagte sie. „Gott hat dich herge-führt. Er hat eine Aufgabe für dich und will, dass Andrew und ich dir dabei helfen."

„Ja", sagte George schüchtern.

Er hatte bisher die eigenartigsten Vorstellungen von den Aufgaben Gottes in dieser Welt. Aber er war in das richtige Haus gekommen, um etwas darüber zu erfahren. Nach Mariah Watkins' schlichtem Glauben war Gott überall. Er hatte einen Plan für jedes seiner Kinder. Nichts ließ er zufällig geschehen. Diese Wahrheit gehörte bald auch zu Georges unerschütterlicher Überzeugung, wie er auch die beiden anderen Grundsätze übernahm, nach denen Mariah Watkins lebte – Sauberkeit und Arbeit. Das Zimmer war makellos, der Fußboden vom vielen Scheuern ganz glatt. Im Haus roch es nach Gewürzen und Kiefernholz, und der Hof vor der Tür war stets ordentlich gefegt und geharkt. Auf einer Bank standen Waschbrett und Trog, mit denen Mariah ihr Geld verdiente. Jahrzehnte später brauchte George nur die Augen zu schließen, um sie vor sich zu sehen, den schmächtigen Leib über den dampfenden Trog gebeugt, endlos bürstend und schrubbend.

Am Samstag wischte er den Fußboden auf, spülte das Geschirr und trug das Feuerholz herbei. Am Sonntag zog er sein sauberes Hemd an und ging mit Onkel Andrew und Tante Mariah in die Afrika-Methodisten-Kirche. Er fürchtete sich ein wenig, weil er keine Vorstellung davon hatte, was im Innern der Kirche vor sich ging. Nach den dunklen Andeutungen, die er von Moses Carver gehört hatte, rechnete er mit geheimnisvollen Beschwörungen, vielleicht sogar mit einem Menschenopfer.

Jemand musste neben Pastor Givens stehen und die Schriftstellen verlesen. Als dann die kleine Gemeinde ihre Choräle sang, schmolz alle Angst in George. Und als Pastor Givens von der Liebe und Fürsorge Gottes für alle seine Kinder sprach, für jeden einzelnen von denen, die hier hoffnungsvoll unter dem Blechdach saßen, war es George, als würde die Sonne stärker scheinen und ihn in ihre Wärme einhüllen. Am liebsten hätte er vor Glück geweint. Dieses Gefühl verließ ihn nie mehr, wenn er sonntags mit Andrew und Mariah zur Kirche ging, und auch später nicht, sobald er das Haus Gottes betrat.

Als George am Montagmorgen über den Zaun kletterte, um zur Schule zu gehen, rief Mariah ihm nach: „Du kannst dich aber nicht mehr Carvers George nennen! Du bist eine eigene Person! Von jetzt an bist du George Carver!"

„Ja!" rief George zurück. Der Name lag ihm zwar noch sehr seltsam auf der Zunge, doch er stellte sich so dem Lehrer vor, einem jungen und zappeligen Schwarzen namens Stephen S. Frost. Dann setzte er sich auf einen Platz in der letzten Bank.

Fast 75 Schüler waren in dem kleinen Schulraum zusammengepfercht. Manche waren kleiner als George, andere schon fast erwachsen. George achtete genau auf jedes Wort des Lehrers und ließ sich durch nichts ablenken. Im Schulzimmer herrschte ein ständiges Gemurmel, nur hin und wieder von einem Husten unterbrochen. Wenn jemand sich in der Bank rührte oder die Beine übereinanderschlug, mussten alle anderen es ihm nachtun. Die Luft war stets stickig und verbraucht. Im Winter pfiff der Wind durch die rissigen Wände. Abgesehen von den Kindern, die dicht am Holzofen saßen, behielt man Mäntel und Fausthandschuhe an und zitterte trotzdem noch vor Kälte.

Doch all dies störte George nicht. Er war in der Schule! Er hatte seine erste Fibel und ein Stück Schiefertafel, auf dem er schreiben konnte. Am Mittag seines ersten Schultages stieg er eilig über den Zaun und platzte ins Haus, um Tante Mariah diese Schätze zu zeigen. Er verschlang sein Mittagessen, kümmerte sich nicht um die Spiele auf dem Schulhof, sondern wartete ungeduldig vor der Schultür, lange bevor der Lehrer die Glocke läutete.

Der Tag und alle folgenden vergingen für George wie im Flug. Immer hatte er sein aufgeschlagenes Lesebuch vor sich, selbst wenn er Geschirr spülte oder bei der Wäsche half. Manchmal überredeten ihn die anderen Kinder, beim Spielen auf dem Schulhof mitzumachen. Aber das endete für ihn fast immer mit zerschundenen Knien und dem beschämenden Gefühl, entsetzlich ungeschickt zu sein. Scheu, vom vielen Geschrei eingeschüchtert, drückte er sich in eine stille Ecke. Dann zeichnete er Bilder auf seine Schiefertafel und vertrieb sich damit die Zeit bis zum Schulbeginn.

Das sollte während seines ganzen Lebens so bleiben. Er schien für die Einsamkeit bestimmt zu sein und war am glücklichsten, wenn er still für sich arbeiten konnte. Tante Mariah lehrte ihn, Wäsche zu bügeln. „Pass genau auf! Für meine Kunden muss alles tadellos sein!" Das aufgeschlagene Lesebuch an einen Wäschestapel gelehnt, bügelte er zufrieden drauflos bis zum letzten Taschentuch.

Mitte November bummelte George einmal durch die Stadt und blieb vor einem Geschäft für Damenbekleidung stehen. Aufmerksam betrachtete er die kunstvoll gehäkelten Manschetten und den Kragen eines hübschen Kleides.

Dann ging er heim, spielte den Müßiggänger und häkelte heimlich Manschetten und Kragen für Tante Mariah nach. Als er ihr am Weihnachtsmorgen sein Geschenk überreichte, konnte sie es kaum glauben: „Das hast du gehäkelt? Ganz allein?" Und dann drückte sie ihn fest an sich. „Tausend Dank, Kind!"

Sie schenkte ihm eine durch liebevollen Gebrauch abgegriffene Lederbibel. Nach einem Jahr kannte George große Teile der Genesis, der Psalmen, der Sprüche und der Evangelien auswendig. Von nun an las er bis zu seinem Todestage täglich in dieser Bibel, die er stets zur Hand hatte.

Dreimal in diesem Winter erkältete er sich und konnte nicht zur Schule gehen. Er quälte sich bei dem Gedanken, was er nun alles versäumte. Um ihn zu zerstreuen, erzählte Tante Mariah manchmal aus ihrer Sklavenzeit. Sie hatte auf einer großen Pflanzung gearbeitet. Von den vielen Schwarzen, die dort lebten, konnte nur Lobby lesen. Sie hütete sich aber sehr, das ihren Herrn wissen zu lassen, denn Sklavinnen mit überdurchschnittlichen Fähigkeiten wurden gern verkauft. So lehrte Lobby heimlich am Herdfeuer die anderen ihre Wörter und Sätze. Auf diese Weise hatte Tante Mariah lesen gelernt, als sie über 30 Jahre alt war.

„Genau das musst du auch tun, George", sagte sie ihm eines Abends. „Du musst lernen, was du nur kannst, und dann musst du wie Lobby sein. Geh hinaus in die Welt und gib dein Wissen an deine Brüder weiter. Sie wollen ja so gerne etwas lernen!"

George dachte darüber nach. Anfangs war ihm Tante Mariah wie ein großer, schattiger Eichbaum vorgekommen – stark, kühl, behaglich. Solange er sein Wissen vermehren konnte, dachte er nicht daran, ihr Haus zu verlassen. Aber im Frühjahr begriff er, dass von seinem Lehrer bald nichts mehr zu lernen war. Mr Frost war nur kümmerlich ausgebildet worden, und sein langsames Vorankommen langweilte einen Jungen mit einem so wachen Verstand, wie George ihn besaß. Er wusste, dass er den Lehrer mit seinen Fragen in Verlegenheit brachte. Aber etwas anderes bereitete ihm besonderen Kummer.

„Ihr müsst euren Platz kennen!", mahnte der Lehrer häufig und versuchte, den Schülern die ihm eigene Unterwürfigkeit einzuimpfen. Instinktiv und heimlich rebellierte George dagegen. Er gab sich keiner Täuschung hin – seine Hautfarbe war eine Fessel. Aber er würde sie entweder abschütteln oder stolz zu tragen wissen. Sein Platz war an der Sonne, und er wollte ihr so nahe kommen, wie Ausdauer und Mut ihn nur bringen konnten.

Im Mai kam sein Bruder Jim nach Neosho. George saß lesend auf einem Holzstapel, als er eine vertraute Stimme rufen hörte: „Hallo, alter Junge! Hast du endlich herausgefunden, warum es regnet?" Es war Jim, der ihm vom Zaun zugrinste.

„Jim!", schrie George und stolperte zu Boden, als er von seinem Hochsitz sprang. Dann stotterte er in seiner Erregung hilflos: „W-Wie k-k-kommst du hierher?"

Jim lachte. „Bis jetzt hast du ja noch nicht einmal gelernt, langsam und richtig zu sprechen!"

Sie lachten beide und klopften einander auf die Schultern, und Tante Mariah kam heraus, um zu sehen, was es da für einen Lärm gab. „Das ist mein Bruder!", erklärte George ihr stolz.

Mariah betrachtete Jim so streng, als suche sie ihn nach Läusen ab. „Aus dem könnte man ja zwei von deiner Sorte machen", sagte sie dann und wandte sich an Jim: „Weißt du schon, wo du bleiben wirst?"

„Ja, bei den Wilsons. Sie wohnen ..."

„Das weiß ich. Es sind feine Leute. Bei denen musst du dich gut benehmen, verstehst du?"

„Ja", sagte Jim.

„Es wird Zeit zum Abendbrot. Du kannst mit uns essen, wenn du willst."

Sobald sie wieder ins Haus getreten war, umtanzten die Brüder einander abermals, dann setzten sie sich auf den Zaun, um miteinander zu reden. Wie ging es Tante Susan und Onkel Moses? George wollte alles auf einmal wissen. Und warum war Jim in die Stadt gekommen?

Jim sagte, er habe den Winter über darüber nachgedacht und gemeint, er müsse auch zur Schule gehen. „Wenn du das für so wichtig hältst, muss doch etwas dran sein." Er legte George den Arm um die Schultern. „Findest du denn alles heraus über die Pflanzen und die Blumen?"

George sah zum Schulhaus hinüber. „Nein", gab er zu, „noch nicht." Dann wandte er sich wieder an Jim. „Aber ich kann jetzt lesen und schreiben, und du wirst es auch bald können."

Aber es kam anders. Jim war nicht zum Schüler geschaffen und verließ die Klasse bald wieder, um Stuckateur zu werden. George war enttäuscht, doch Jim, der so unternehmungslustig war wie sein kleiner Bruder schüchtern, fügte sich schnell in die afroamerikanische Gemeinde von Neosho ein und war sehr glücklich.

Inzwischen suchte George eifrig nach Gelegenheitsarbeiten; er sparte jeden Cent, den er dabei verdiente. Als die Slaters nach St. Louis verreisten, kümmerte er sich um ihr Haus und erzählte Tante Mariah jeden Abend, was er getan hatte – die Gartentür ausgebessert, die Lampen geputzt, den Kamin gekehrt ... Endlich sagte sie ihm: „Hör mal, George, ich will gar nicht wissen, wie viel du getan hast, und die Slaters wollen es auch nicht wissen. Es kommt nur darauf an, wie du es getan hast!"

Wieder wurde es Winter. George schnupfte und hustete die ganze Zeit und wurde von einer dauernden Müdigkeit geplagt, die ihn tagelang von der Schule fernhielt. Das war nicht so schlimm, denn er hatte längst alles gelernt, was es dort zu lernen gab. Aber Gott konnte doch nicht wirklich wollen, dass er sein ganzes Leben lang schwächlich und krank blieb! Wenn er an einen anderen Ort ging, würde es vielleicht besser werden. Vielleicht würde er auch eine neue Schule finden. Vielleicht erwarteten ihn die Antworten auf alle seine Fragen irgendwo an einem fernen Ort, und er brauchte nur aufzubrechen, um diesen Ort zu suchen.

Im Dezember hörte er, dass die Familie Smith in das fast 75 Meilen entfernte Fort Scott in Kansas ziehen würde. Ob das der richtige Platz für ihn war? Früher hatte man viel vom freien Kansas gesprochen, und der Name hatte noch heute einen guten Klang. Er bedeutete Gleichheit und eine ehrliche Chance für jeden. Würde er seine Antworten dort im weiten Westen finden? Tagelang kämpfte in ihm die Angst vor dem Neuen mit dem Wunsch, etwas zu lernen und zu wissen. Dann nahm er allen Mut zusammen und ging zu den Smiths. Ob man ihn wohl mit nach Fort Scott nehmen würde? Eine Belastung sei er gewiss nicht. Zu essen werde er mitbringen, und unterwegs könne er sich um die Maulesel kümmern.

Sie sagten ja.

In den letzten Tagen ließen sich die Brüder zusammen photographieren. Sie trugen zerschlissene Hemden und Hosen, die ihnen viel zu groß waren, und machten sehr feierliche Gesichter. Dann gingen sie über die gefrorene Straße nach Diamond Grove, damit George sich von den Carvers verabschieden konnte. Von seinem Lehrer hatte er ein Zeugnis bekommen. Es trug das Datum vom 22. Dezember 1876. Und an einem beißend kalten Januarmorgen zog George sein Bündel zwischen Bettstellen, Töpfen und Pfannen hervor und sagte Jim und den Watkins Adieu. Bis zu den Ohren eingemummt, sah er wie ein kleiner Junge aus, obwohl er inzwischen 16 Jahre alt sein musste. Er war schmächtig und gebrechlich, und seine schwarzen Augen blitzten groß aus dem schmalen unverhüllten Streifen seines Gesichts. Aber Tante Mariah sah die Entschlossenheit und die Lebhaftigkeit in diesen Augen, die noch nicht darin gewesen waren, als George zu ihr gekommen war.

„Gib ihm eine gute Schule, Herr!", betete sie. „Gib ihm einen tüchtigen Lehrer, Herr, denn der Junge will ja so schrecklich viel wissen!"

„Los geht's!", rief Mr Smith. Und die Maulesel trotteten davon.

Es war ein langer Weg. Die Straße wand sich westwärts durch das Ozark-Plateau, dann nordwärts über eine weite Ebene.

Wenn die Tiere ermüdeten, gingen die Smiths und George abwechselnd nebenher. Der Wind fuhr ihnen in die Gesichter, und bisweilen waren sie von einem dichten Schneewirbel umgeben, dessen Ende sie nicht einmal ahnen konnten. Abends drängten sie sich um das Lagerfeuer, aßen stumm und rollten sich dann frierend zu einem kurzen Schlaf zusammen. Am vierten Tage fuhr der Wagen in Fort Scott ein. Auf der kopfsteingepflasterten Hauptstraße sprang George von seinem Sitz, schulterte sein Bündel und blickte der Familie Smith nach, bis ihr Wagen langsam verschwand. Er war wieder allein.

Ein Reiter sprengte heran und beschimpfte den Jungen, der ihm im Wege stand und ihn zwang, sein Pferd heftig zu zügeln. Zitternd zog sich George auf den hölzernen Gehsteig zurück und ging zaghaft auf das große Hotel an der Poststation zu. Menschen drängten an ihm vorbei. Alle schienen es eilig zu haben. Einmal fand er den Mut, eine schwarze Frau zu fragen, ob sie nicht eine Arbeit für ihn wüsste. Sie antwortete nur mit einem kurzen „Ha!" und hastete weiter.

Er hielt sich dicht an den Häusern und bog in die nächste Seitenstraße ein. Lange streifte er ziellos umher. Seine Angst wuchs so sehr, dass er fast meinte, sie mit den Händen greifen zu können. Erst als es schon dunkelte, klopfte er an die Türen und stammelte seine Frage, ob die Hausfrau vielleicht einen Jungen brauchen könne, der die Fußböden scheuerte und sich um das Feuer kümmerte. Manche verneinten höflich, andere schlugen ihm die Tür vor der Nase zu, ohne ihn auch nur anzusehen. Endlich sagte jemand, Mrs Payne im gegenüberliegenden Hause suche eine Hilfe.

Das Haus war riesengroß, strahlend weiß verputzt und von gepflegten Beeten mit Beerensträuchern umgeben. Wieder klopfte George und versuchte, so groß wie möglich auszusehen. Er hasste sich selbst, weil er so klein war. Im Stillen probte er seine Worte, damit er nur ja nicht stotterte, wenn die Tür geöffnet wurde.

„Man hat mir g-gesagt, Sie brauchten j-jemand f-f-für die Hausarbeit!" Er deutete über die Straße. Mrs Payne war groß und steif und hatte dichtes schwarzes Haar. „Ich suche eigentlich ein Mädchen", sagte sie.

„Ich kann p-putzen und G-Geschirr spülen und alles."

Sie betrachtete ihn mit unverhohlenem Zweifel. „Kannst du auch kochen?"

„O ja! Ich k-kann ..."

„Komm herein! Hier ist es zu kalt!"

Ein warmes, behagliches Feuer brannte in der Küche. Bratenduft stieg George in die Nase, hüllte ihn ein und ließ ihn vor Hunger und Müdigkeit schwindlig werden. Er fragte sich, ob er es wagen durfte, sich gegen die Wand zu lehnen, doch er entschied sich dagegen. Jetzt kam es vor allem darauf an, die Fragen der Frau zu beantworten, ohne in stotternde Unverständlichkeit zu verfallen. Sie wollte wissen, wie er heiße, woher er komme, was er schon alles getan und wo er die Hausarbeit erlernt habe.

Und dann sagte sie endlich: „Also gut! Ich will's mit dir versuchen. Mit dem Abendessen kannst du anfangen. Es gibt Fleisch und Brotpudding mit Biskuits. Alles, was du dazu brauchst, findest du dort im Schrank. Hinterher essen wir Apfelmus. Auf den Kaffee legt mein Mann besonderen Wert."

Damit wandte sie sich um und verschwand durch eine Schwingtür. George stand verblüfft da, überwältigt von der Größe seiner Aufgabe. Er hatte nicht lügen wollen. Er konnte wirklich kochen – gewissermaßen. Er hatte für Tante Mariah Eier und Gemüse gekocht und sogar Schinken gebraten. Aber Pudding und Biskuits und Apfelmus – das alles war ihm so fremd wie der funkelnde Herd und die geheimnisvolle Sammlung von Töpfen, Pfannen und Geschirr auf dem Regal. Was tun?

Er hängte seine Jacke auf und wusch sich an der Pumpe. Bisher hatte er noch niemals eine Wasserstelle in einem Hause gesehen. Dann öffnete er den Schrank und nahm Mehl, Kartoffeln und Kaffee heraus, starrte das alles ratlos an und fragte sich, ob er sich Mrs Payne auf Gnade oder Ungnade ausliefern oder versuchen sollte, nur so lange durchzukommen, bis er wenigstens eine Scheibe von dem köstlich duftenden Braten ergattert hatte. In diesem Augenblick kam die Hausfrau wieder in die Küche.

„George ...", begann sie.

„Ach, bitte ...", sagte er.

Sie sahen einander an. George stockte der Atem, und er suchte verzweifelt nach einem Ausweg.

„Ja, was ist?", fragte die Frau.

Aus irgendeiner Quelle seines gesunden Menschenverstandes fand er die richtigen Worte. „Entschuldigen Sie, dass ich Sie unterbrochen habe, aber beim ersten Mal möchte ich schon alles ganz richtig machen. Wenn Sie mir vielleicht zeigen könnten, wie Sie alles zubereitet haben möchten ..."

„Das ist richtig", gab sie zu. „Am besten fangen wir mit den Biskuits an. Ich nehme zwei Tassen Mehl und ungefähr so viel Backpulver."

George passte genau auf. In seinem Kopf hielt er ihre Worte fest, und seine Hände ahmten ihre Bewegungen nach, während sie mischte, knetete und walzte. Als die Biskuits buken, verwahrte er das Rezept in seinem Gedächtnis und widmete sich ganz den Geheimnissen eines Brotpuddings, einer Mahlzeit, die er bisher nicht einmal dem Namen nach kannte.

„Zum Apfelmus gehört etwas Zimt", erklärte Mrs Payne, „und der Kaffee wird am besten, wenn man sechs Teelöffel auf einen halben Topf Wasser nimmt."

Als sie ihn wieder verlassen hatte, murmelte George die Mengenangaben bei der Arbeit unaufhörlich vor sich hin, sprang vom Herd zum Backofen und zurück, um das anscheinend unvermeidliche Unheil in der Küche irgendwie abzuwenden. Wunderbarerweise stand das Abendessen auf dem Tisch, als der Hausherr heimkam. George presste das Ohr gegen die Tür, doch er hörte kein Wort der Beschwerde. Er hatte es geschafft!

Schon bald bereicherte er den Biskuitteig mit einem Ei,

würzte das Fleisch mit ein paar Lorbeerblättern und ließ seine Fantasie auch sonst mit erstaunlichem Erfolg spielen. Noch vor Ablauf eines Monats gewann er einen Kochwettbewerb. Und eines Abends hörte George Mr Paynes dröhnende Stimme: „Mein Kompliment! Dein neuer Koch ist ein Juwel!"

Wenn seine Arbeit getan und die Küche blitzblank war, lag George oft in seinem kleinen Zimmer unter der Hintertreppe und hörte zu, wie Mrs Payne Klavier spielte. Die Musik war so schön wie das Lernen und stellte ihn vor Fragen, die er noch nicht auszusprechen wusste. Mit einer Melodie im Ohr schlief er ein. Er war nicht nach Fort Scott gekommen, um Koch zu werden. Das war nur eine nützliche Arbeit, um Hunger und Kälte fernzuhalten, aber es war kein Ersatz für die Schule. Weder Lohn noch Lob durften ihn davon abhalten, alles herauszufinden, was er wissen musste. Und die Zeit drängte.

Im Vorfrühling verließ er die Familie Payne. Jeden Cent seines Lohnes hatte er gespart. Er meldete sich im großen Schulhaus, um sich als Schüler eintragen zu lassen. Es gab hier lange Gänge und viele Zimmer, und es war George, als richteten sich alle Augen auf ihn, als er mit seinen neuen Büchern, knarrenden Schuhen und beständig rutschenden Hosen durch das Schulhaus ging. Sobald er aber in der Klasse saß, dachte er nur noch an das, was es hier zu lernen gab. Er kämpfte mit Geographie und Mathematik, leistete Gutes im Lesen und in der Rechtschreibung, und er zog wieder einmal die neidische und bewundernde Aufmerksamkeit seiner Klassenkameraden auf sich, denn er kannte jeden Stein, jede Blume, jeden Samen, und er stellte Fragen, die nicht einmal seine Lehrer beantworten konnten.

Nahe bei der Poststation hatte er eine Unterkunft gefunden, eine windschiefe Hütte, die ihn einen Dollar wöchentlich kostete.

Ebenso viel gab er für seine Ernährung aus. Nachmittags

lernte er, und nachts las er beim Schein einer Kerze alles, was ihm in die Hände fiel – Bücher, Rundschreiben, alte Zeitungen und Zeitschriften. Schien die Sonne warm genug, dann ging er sonntags in die Wälder. Er brauchte die stille Ermutigung durch die Dinge, die er auf der Welt am meisten liebte, und zeichnete sie – eine schwankende Birke, ein Kaninchen, das ihn neugierig, aber furchtlos musterte, die ersten jungen Wildblumen des Frühlings.

So genügsam George auch war, reichte sein Geld doch nur bis zum Sommer. Dann musste er wieder arbeiten gehen. Diesmal fand er eine Anstellung in einem Hotel. Er wusch die Bettwäsche. Seine Hände reichten kaum bis auf den Grund des großen Bottichs, doch sie arbeiteten unaufhörlich. Später wusch und bügelte er die Wäsche für Farmer und Geschäftsleute, die mit den Kutschen aus Kansas City kamen. Im September hatte er genug Geld zurückgelegt, um wieder zur Schule gehen zu können.

So ging es im steten Auf und Ab. Wochenlange Arbeit musste das Geld für seine Ausbildung einbringen, und das Lernen war ihm Erholung und gab ihm die Kraft zu weiterer Mühe. Meistens war er allein, denn er war älter als seine Klassenkameraden und weltenweit von ihnen entfernt. Die meisten von ihnen waren weiß, und manchmal fürchtete er sich. Wenn auch Kansas frei gewesen war, so war Fort Scott im Bürgerkrieg doch eine Sympathie-Insel für die Südstaaten gewesen. Und immer noch schwelte das Feuer des Rassenhasses. Als er einmal Bilder in einem Schaufenster betrachtete, wurde George von zwei weißen Männern angerempelte

„He, Boy! Woher hast du denn die Bücher?"

„Ich habe sie gekauft, Sir. In der Schule."

Einer der Männer lachte. „Hörst du das, Pete? Gekauft hat er sie, sagt er!"

„Seit wann lassen sie denn Nigger in die Schule?", spottete der andere, und seine wässerigen Augen verengten sich zu dunklen, bedrohlichen Schlitzen. „Ich sage dir, er hat sie gestohlen!"

Der Verstand sagte George, dass er fortlaufen musste. Bestimmt konnte er zwischen ihnen hindurchbrechen und verschwinden, ehe sie einen Entschluss gefasst hatten. Aber etwas anderes hielt ihn fest und ließ ihn die Männer ruhig ansehen. Er hatte nichts Schlechtes getan. Er wollte sich nicht zu einer unüberlegten Handlung zwingen lassen. Das war sogar noch wichtiger als seine Bücher.

„Gib sie her!"

„Sie gehören mir, Sir!", sagte George.

Sie handelten schneller, als er ihnen zugetraut hatte. Einer traf ihn mit der Faust an der Schläfe. Während George benommen zu Boden sank, riss ihm der andere die Bücher aus den Händen. Dann gingen die Männer die Straße hinunter. Viele Menschen waren Zeugen des Vorfalls, doch niemand hielt die beiden auf. Niemand sagte ein Wort.

George streifte lange durch die Nebenstraßen und kümmerte sich nicht darum, wo er war. Er dachte nach, was er tun sollte. Zur Schule wollte er nicht gehen, denn er hatte kein Geld, um sich neue Bücher zu kaufen. Die Nacht über und am nächsten Tag war er ratlos. Endlich nahm er Arbeit bei einem farbigen Schmied an. Er fegte die Ställe und lieferte die frisch beschlagenen Pferde ab; ansonsten blieb er für sich und sprach kaum ein Wort. Und dann riss ein entsetzliches Erleben die Wunden seiner Seele noch weiter auf.

Als er an einem Nachmittag zur Schmiede zurückging, sah er eine dichte Menschenmenge, die sich um einen Holzkäfig drängte. Er fühlte sich von dem Geschrei ausweg- und hoffnungslos eingefangen. Auf der anderen Straßenseite drückte er sich in den Schatten, doch er konnte seine Füße nicht zur Flucht zwingen. Mitten auf dem Platz hatten Männer einen großen Scheiterhaufen errichtet, andere rüttelten an der Tür des Holzkäfigs. „Holt ihn heraus!", schrien sie. „Wir wollen ihn haben!" Ein blind-wütiger Mob zerschlug die Tür. Die Rufe wurden zum kreischenden Geschrei, zu einem wilden Geheul nach Blut. Gleich darauf wurde ein verstörter und zitternder Schwar-zer der Menge vor die Füße geworfen. Die Männer stießen ihn und schlugen fluchend auf ihn ein. Eine Frau hob ihr kleines Kind in die Höhe, damit es dieses Schauspiel des Menschenopfers und der unsinnigen Leidenschaften genau sehen konnte.

„Bitte! Bitte!", bettelte der Gefangene.

„Nigger!", schrien seine Peiniger zurück, als wäre dieses Wort Anschuldigung, Beweis und Urteil zugleich. Dann übergossen sie ihn mit Öl, schleiften ihn über das Pflaster und warfen ihn in die züngelnden Flammen des Scheiter-haufens. George sah, wie der Mann ein-, zweimal ver-suchte, sich aufzurichten. Dann fiel er mit einem Blick äußerster Verzweiflung in die Flammen zurück, wo er re-gungslos liegenblieb.

Die ganze Nacht sah George das Gesicht des Mannes, hörte sein klägliches Betteln um Gnade und versuchte, den Geruch brennenden Fleisches loszuwerden. Vor Sonnen-aufgang packte er zitternd seine Habe zusammen und floh für immer aus Fort Scott.

Später schrieb George Carver über diesen Lebensabschnitt: „Sonnenschein mischte sich immer wieder mit den Schat-ten, die Quäler und Peiniger auf den armen Waisenjungen warfen."

Hatte die verschlossene Schultür von Locust Grove ihn die Last seiner schwarzen Haut erkennen lassen, so ent-hüllte der Lynchmord von Fort Scott auch die Gefahren.

Er wusste jetzt, dass alle anderen auf breiten Straßen ihrem Ziel zustreben durften, dass er sich selbst aber an die Seitenwege halten musste. Jederzeit konnte er aus blinder Verbitterung, aus Vorurteilen oder aus bloßer Laune heraus vernichtet werden. Niemand würde sich darum kümmern oder es auch nur bemerken. Er wusste, dass es eines Wunders bedurfte, wenn er seinen Platz an der Sonne erreichen wollte. Aber er strebte weiter.

Zehn Jahre durchwanderte er den Westen, zog von Ort zu Ort, übernahm Gelegenheitsarbeiten, meldete sich in der nächsten Schule und blieb, bis diese ihn nichts mehr lehren konnte. Er begann eine Klasse in einer Stadt und beendete sie in einer anderen. Und immer hatte er drei Probleme zu lösen – wo würde er schlafen, wer würde ihn speisen, wie konnte er die nächsten Schulbücher bezahlen?

Er kochte, wusch, hackte Holz, pflegte Gärten, räumte Dachböden auf, strich Zäune – tat alles, was irgendjemand getan haben wollte. An einem sonnigen Herbsttag stand er an einem Weizenfeld und sah zu, wie der von vier Pferden gezogene Mäher die Halme fällte. Ein Mann folgte der Maschine, raffte die Halme zusammen und band sie zu ordentlichen Garben. Bald darauf ging George neben ihm über das Feld. Der Mann blinzelte überrascht, als er den ungebetenen Helfer sah, und wunderte sich dann, wie geschickt der Junge die Garben band. George hatte sich eine neue Fertigkeit angeeignet, und während der Erntezeit zog er nun von Farm zu Farm, ging hinter der Mähmaschine her und band in der sengenden Sonnenglut die Weizengarben.

Er war immer allein und niemals einer Sache ganz sicher außer der Tatsache, dass er in diesem Jahr die 7. Klasse hinter sich bringen wollte. Er versuchte, mit seinem Bruder Jim in Verbindung zu bleiben, war jedoch selten lange genug an einem Ort, um von einem Brief eingeholt zu werden. Manchmal träumte er davon, irgendwo seine Mutter und Schwester wiederzufinden. Aber nur selten sah er ein farbiges Gesicht.

Ganz plötzlich war er erwachsen, fast einen Meter achtzig groß, knochig und hager, ein wenig gebeugt von der schweren Arbeit. Oft hatte er nicht genug zu essen. Er stotterte jetzt nicht mehr, doch seine Stimme blieb fast so hoch wie die eines Mädchens. Bei der Wanderung über die Landstraßen hängte er sich oft die Schuhe um den Hals, um sie zu schonen.

In Newton, Iowa, arbeitete er in einem Gewächshaus, von seinen geliebten Pflanzen umgeben. Eines Tages beschuldigte der Sohn des Besitzers „diesen Nigger", ihm sein Taschenmesser gestohlen zu haben, und George zog weiter. Einmal sah er vor einem großen Landhaus ein prächtiges Rosenbeet neben einem Springbrunnen; er fragte den Gärtner, ob er hereinkommen und es zeichnen dürfe. Dann aber kamen einige weiße Jungen vorüber und behaupteten, er sei widerrechtlich in ein fremdes Grundstück eingedrungen.

Sie zerrissen sein Bild, warfen ihn in das Wasserbecken und lachten lauthals über seine unbeholfene Mühe, sich vor dem Ertrinken zu retten.

Er nahm Arbeit als Hilfskoch bei einer Eisenbahngesellschaft an, dann – am Fuß der Rocky Mountains – schloss er sich einer Gruppe von Wanderarbeitern an und pflückte mit ihnen bis hinunter nach New Mexico Obst. Den ganzen Tag stand die Sonne als glühender Ball über dem schattenlosen Land, doch in den Nächten brachte frischer Wind Kühlung und George schlief fest und dankbar.

Bei einem Marsch durch die ausgedorrte Landschaft fand er eine Pflanze, die er noch nie gesehen hatte. Sie wuchs im bloßen Sand, war groß und mit nadelspitzen Dornen bewehrt und zeigte eine blasse, wächserne Blüte. Auf einem zerknitterten Stück Papier zeichnete er die Pflanze, und 15 Jahre später sollte seine Zeichnung der Yucca gloriosa auf der Weltausstellung in Chicago einen Preis gewinnen.

Stets stand George vor Sonnenaufgang auf und ging

allein durch Gottes weiten Garten. Im ersten Sonnenlicht durchforschte er Täler und Hügel. Er suchte nichts Bestimmtes, sondern fühlte sich von allem Wachsenden angezogen, liebte alles, was kroch und lebte. Er studierte den schwarzen Waldboden, das Rot eines Lehmfeldes und das Blau an einem Berghang. Er war fest überzeugt, dass er herrliche Bilder schaffen könnte, wenn es ihm nur gelang, diese Farben aus dem Boden zu lösen.

Irgendwo kaufte er während seiner Wanderschaft ein altes Akkordeon. Mit der für ihn bezeichnenden Geduld lernte er, darauf zu spielen. Dabei erinnerte er sich an die Melodien, die er einst von Mrs Payne gehört hatte, und entlockte sie seinem Instrument. Von den ergreifenden Melodien der Spirituals ließ er sich wehmütig stimmen und stärken. In der scheinbar so feindseligen Welt gab es doch Schönheit und Güte, fand er. Es gab einen Gott, der keines seiner Kinder verließ. Und George wusste, dass er weiterziehen, sich mühen und beten musste. Irgendwo ...

In Eolith, Kansas, war George bei einem Friseur untergebracht. Seine Arbeit durfte er nach der Schule erledigen, und so brachte er die sechste Klasse hinter sich und begann die siebente. Dann verließ der Meister mit seiner Familie die Stadt, und George siedelte zu einem älteren farbigen Ehepaar über, zu Christoph und Lucy Seymour. Sie sollten einen bedeutenden Einfluß auf sein Leben gewinnen.

Wie Mariah Watkins, so war auch Tante Lucy Wäscherin, aber sie hatte sich auf Feinwäsche spezialisiert – auf Herrenhemden, die gestärkt und gebügelt werden mussten, bis sie wie Porzellan glänzten, auf hübsche Kleider aus feinem Organdy mit zarten Spitzen, gefältelt und bestickt, von denen jedes einen halben Tag Bügelarbeit verlangte. Tante Lucy war Sklavin einer Familie in Virginia gewesen und legte Wert auf Vornehmheit und gute Sitten.

Ihre Arbeit tat sie mit großer Liebe, und es dauerte lange, ehe sie George erlaubte, ihr dabei zu helfen.

Onkel Seymour war tief religiös. Jeden Sonntag ging er morgens und nachmittags zu den Gottesdiensten der presbyterianischen Kirche, und er freute sich, dass George gern mitging. Abends saß er andächtig dabei, wenn George aus seiner abgegriffenen Lederbibel vorlas. Damals wurde George Presbyterianer und blieb es für den Rest seines Lebens. „Ich habe jedenfalls nicht gehört, dass man mich ausgeschlossen hätte", sagte er später lächelnd.

Im Jahre 1880 zogen die Seymours westwärts nach Minneapolis. Hier würde sich für George vielleicht die Möglichkeit bieten, eine richtige High School zu besuchen. Die Familie bezog eine alte Hütte mit klaffenden Rissen in den Wänden. George machte sie sogleich wetterfest. Dann weißte er das ganze Haus und hängte ein schön geschriebenes Schild an die Tür: „Feinwäscherei."

Die Schule war ein Neubau. Die Klassen eins bis acht teilten sich in die ersten drei Räume, die High-School-Klassen drängten sich im vierten zusammen. Aber es war eine High School. Jeden Morgen ging George auf diesen vierten Raum zu, als wäre dieser Tempel höheren Wissens sein Ziel, um erst im letzten Augenblick in seine siebente Klasse abzuschwenken. Er wusste, dass er reichlich über zwanzig Jahre zählte und noch mindestens ein Jahr brauchte, um den Anforderungen der High School gewachsen zu sein. Aber der Traum blieb beständig vor seinen Augen, und auch die verwunderten Blicke der Mitschüler auf ihren schlaksigen Banknachbarn konnten ihn nicht davon abbringen.

Bald zeigte sich, dass Tante Lucy die viele Wäsche nicht bewältigen konnte, die ihr gebracht wurde. Die Nachricht, dass sich eine tüchtige Wäscherin niedergelassen habe, hatte sich schnell verbreitet. Bald konnte sie nicht mehr am nächsten oder übernächsten Tag liefern, sondern hatte die

Wäsche manchmal eine ganze Woche in ihren Regalen liegen. So kam es, dass der junge George Carver auf ihren Rat hin ein eigenes Geschäft eröffnete.

Seine Firma war in einer Hütte, bestehend aus einem Raum mit Kochnische, in einem Seitengässchen der Hauptgeschäftsstraße untergebracht. Man konnte sie nur über eine Reihe von Bohlenbrücken und sorgfältig gelegte Steinplatten erreichen. Bald stellte sich jedoch ein beständiger Kundenstrom ein. „George Carvers Wäscherei" war von Anfang an ein Erfolg.

Zum ersten Mal hatte George Freunde. Die Klassenkameraden hatten erst über ihn gelacht, jetzt bewunderten sie ihn wegen seiner vielseitigen Kenntnisse und wegen seiner steten Hilfsbereitschaft. Sie gewöhnten sich an, nachmittags in seine Hütte zu kommen, bestaunten seine Zeichnungen und Gemälde, seine Steinsammlung und seine gepressten Wildpflanzen. Er erzählte ihnen Erlebnisse aus seiner Wanderzeit oder las ihnen aus einem Buch vor, während er bügelte.

Er gewann an Selbstvertrauen. Bei Ausflügen hängte er sich sein Akkordeon um und führte die Klasse an, wobei ihm sein langer schwarzer Mantel bei jedem Schritt um die Schuhspitzen wippte. Er spielte auch bei den geselligen Zusammenkünften und beteiligte sich an einer Laienspielgruppe. Weil er so schlank war und eine so hohe Stimme hatte, übernahm er meistens Mädchenrollen. Seine Begabung verstärkte die Illusion.

Um diese Zeit legte er sich einen Mittelnamen zu. Es gab noch einen anderen George Carver in Minneapolis, und es war schon öfters vorgekommen, dass George nicht die für ihn bestimmten Briefe erhalten hatte. Ohne lange zu überlegen wählte er einen Buchstaben als Mittelnamen. Als man ihn einmal fragte, ob W. vielleicht Washington bedeute, fragte er grinsend zurück: „Warum nicht?" Aber er unterschrieb niemals mit diesem Namen, sondern immer nur George W. Carver oder auch nur einfach George Carver, denn selbst als er längst berühmt war, fand er es Angeberei, den Namen Washington für sich zu benutzen.

In seinem letzten High-School-Jahr erreichte ihn ein kurzer Brief von Tante Mariah. Sein Bruder Jim, so schrieb sie ihm, sei im vergangenen Sommer an den Pocken gestorben und liege in Seneca begraben.

Lange saß George da mit dem Brief in der einen Hand, in der anderen das Foto, das er und Jim vor sieben Jahren gemeinsam hatten aufnehmen lassen. Da waren zwei Jungen vom Lande, feierlich, aber furchtlos, und jeder von ihnen bereit, dem eigenen Stern zu folgen. Und nun war Jim tot, der Junge mit seinen starken Händen, der niemals krank gewesen war. Endlich kamen die Tränen, und eine Zeit lang fühlte sich George verzweifelt allein. Aber noch in seiner Traurigkeit wusste er, dass er nun erst recht seinen Stern finden musste.

Plötzlich leuchtete dieser Stern ihm strahlend hell, und er schien ihn nach Highland in Kansas zu rufen. Ein kleines presbyterianisches College dort hatte seinen Aufnahmeantrag wochenlang erwogen. Verfügte er über ausreichende mathematische Kenntnisse? Waren seine englischen Aufsätze gut? Und eines schönen Morgens war endlich der ersehnte Brief da! Wie ein Visum für den Himmel schob ihm der Posthalter den Umschlag durch den Schalter zu.

Der Brief besagte, dass man seine Zeugnisse geprüft habe, und dass das Highland-College sich freuen werde, ihn mit Beginn des Herbstsemesters zu seinen Studenten zu zählen. Unterschrieben hatte den Brief der Rektor, Pfarrer Duncan Brown.

An diesem Tage ging George glückerfüllt zum Unterricht. Er war voller Erwartungen, und den ganzen Sommer über wärmte er sich an seinen Zukunftsaussichten. Die Wanderjahre waren vorüber. Würde er endlich einen Ort erreichen, an dem alle seine Fragen ihre Antworten fanden, und wo er vor allem erfuhr, was Gott von ihm erwartete? Wie sollte er die Kenntnisse nützen, die er an so vielen verschiedenen Schulen erworben hatte, dass er sich kaum noch an alle Orte und an die vielen Lehrer erinnerte?

Er verließ Minneapolis vor der Abschlussprüfung. Es gab noch viel zu tun, und bis zum 20. September war es ein weiter Weg. Die Seymours verabschiedeten ihn froh und traurig zugleich. George wandte sich zuerst nach Kansas City. Er hielt nichts davon, seine Zeit zu verschwenden. Deshalb wollte er in diesem Sommer Maschinenschreiben und Stenografie erlernen. So erhielt er weiteres Rüstzeug, das ihm in Highland und auch später sicher sehr zugutekommen würde. Von seinem letzten Geld kaufte er eine Schreibmaschine, die bei jedem Anschlag ächzte und stöhnte. In der drückenden Sommerhitze des Mittelwestens übte er mit grimmiger Entschlossenheit. Im August wurde er bereits in einem Telegrafenbüro angestellt und tippte von nachmittags um sechs bis um Mitternacht Nachrichten.

Gegen Monatsende fuhr er mit dem Zug nach Joplin. Er wollte noch einmal das Land wiedersehen, in dem er seine Knabenjahre verbracht hatte. In Seneca stand er lange an Jims Grab. „Geboren 1859" stand auf dem einfachen Holzkreuz, „gestorben 1883". Und George dachte, wie wenig doch diese Worte über den lebensfrohen Jim aussagten, über seine irdischen Träume und Ziele, die alle durch Gottes größeren Plan durchkreuzt worden waren.

Er lief die 13 Meilen nach Neosho, verabschiedete sich ein letztes Mal von den Watkins, dann ging es weiter nach Diamond Grove zu einem wehmütigen Besuch bei den Carvers. Onkel Moses war nun schon über 70 und arbeitete noch immer auf dem Feld, Tante Susan war alt und kurzsichtig geworden und verließ nur noch selten das Haus. George erzählte ihnen, wo er gewesen war, was er erlebt hatte, und sie hörten ihm stumm zu. Tante Susan befürchtete, Georges Wünsche und Träume könnten sich in Enttäuschungen verwandeln. „Muss es denn wirklich das College sein, George?", fragte sie. „Hast du noch nicht genug gelernt?"

„Kein Mensch hat genug gelernt, Tante Susan", antwortete er lächelnd. „Und ich möchte immer noch herausfinden, warum es regnet und warum die Sonnenblumen so groß werden."

Vier Nächte schlief er in der Hütte seiner Mutter, in der fünften saß er im rumpelnden Zug, der ihn nordwärts nach Highland brachte. Geld besaß er keins mehr, doch er machte sich keine Sorgen. In Highland würde er Arbeit finden, wie er sie bisher noch überall gefunden hatte, und als er den Zug verließ, kamen ihm Bahnsteig, Bahnhof und die ganze Umgebung in der Herbstsonne wunderschön vor. Eilig ging er zum College.

Er musste lange warten, ehe er den Rektor sprechen konnte. Dann saß er in dem mit Büchern reichlich ausgestatteten Arbeitszimmer und sagte: „Ich bin George W. Carver, Sir."

„So?"

„Ich bin gekommen, um mich einschreiben zu lassen. Sie haben mir geschrieben ..."

„Da ist uns leider ein Irrtum unterlaufen."

George erschrak. Er versuchte, dem Pfarrer in die Augen zu sehen, doch es gelang ihm nicht, und er stammelte: „Aber Sie haben doch geschrieben ... Ich habe ihn ..."

„Ich weiß, was in dem Brief steht", sagte der Rektor und konnte den Schlag nicht mildern, so gern er es auch getan hätte. Er wusste genau, dass es hier nicht auf seine eigene Überzeugung ankam. Niemals würde ein Schwarzer in diesem College zugelassen werden. „Aber Sie haben mir leider nicht geschrieben, dass Sie Schwarzer sind. Unser College nimmt keine Farbigen auf."

Die strahlende Sonne verblasste. Ein scharfer Wind wehte über den Bahnsteig und kündigte den nahenden Winter an. George kauerte sich auf eine Bank. Er fühlte nicht den Wind, sondern nur seinen Schmerz. Stundenlang saß er so da und hörte nur immer wieder die ablehnenden Worte des Rektors.

Er hasste sich selbst, weil er sich schämte. Was hatte er denn getan, dessen er sich schämen musste? Er hasste sich, weil er hasste. Der Himmel wurde grau. George musste an die Nacht und den kommenden Tag denken. Er hatte nur noch wenige Münzen in der Tasche. Er musste in Highland bleiben, dem Ort, in dem seine Träume zerstört worden waren, bis er genug Geld beisammen hatte, um es verlassen zu können.

Und was dann? Er war bankrott. Seine Hoffnungen waren zu Ende wie sein Geld. Bisher hatte er sich noch immer durchgekämpft, so hoch sich die Hindernisse auch türmten. Er hatte gehungert und war krank gewesen, aber es hatte ihm nichts ausgemacht, weil er seinem Stern gefolgt war. Aber jemand hatte diesen Stern in einem einzigen Augenblick zum Erlöschen gebracht. Als George steif und müde von der Bank aufstand, blickte er in eine abweisende Dunkelheit. Niedergeschlagen ging er auf sie zu.

In dieser Nacht schlief er in einer Scheune. Am nächsten Morgen fand er Arbeit bei einer Familie Beeler, die im Süden der Stadt eine Obstgärtnerei betrieb. Er kochte, besserte Zäune aus, pfropfte die Bäume. Die Beelers, ein warmherziges, freundliches Ehepaar, versuchten, ihn in ihren Kreis einzubeziehen. Tatsächlich ging George auch mit ihnen zur Kirche und spielte auf dem Akkordeon, wenn sie Gäste hatten, und doch waren es freudlose, nicht enden wollende Wochen. George musste seinen erschütterten Gefühlen erst neuen Halt verschaffen. Er hörte gedankenvoll zu, wenn die Briefe des jungen Frank Beeler am Familientisch vorgelesen wurden. Der Sohn war westwärts gezogen, um auf den weiten Ebenen von Kansas seinen Hausstand zu gründen. Vor acht Jahren hatte die Regierung das Land zur Besiedlung freigegeben, und nun zogen Menschen zu Tausenden in die von den Pionieren sogenannte große amerikanische Wüste. Frank schrieb, dass hier jeder eine Chance habe, der wirklich arbeiten wolle. Er selbst hatte damals an einer Straßengabelung einen Kaufladen eingerichtet, und inzwischen war dort eine Stadt entstanden, die seinen Namen trug.

Dorthin zog George im Jahre 1886. Zwei Meilen nördlich von Beeler erwarb er ein Stück Land von 160 Morgen. In der Urkunde vom 20. 11. 1886 gab er sein Alter mit 23 Jahren an, doch scheint sicher zu sein, dass er schon 25 Jahre zählte (aus verlässlichen Unterlagen schließen neuere Forscher, dass George W. Carver am 12. 7. 1861 geboren wurde). Mit Frank Beelers Hilfe baute er sich ein Blockhaus, schnitt das üppige Büffelgras und füllte damit die Wände. Es war so geschickt und gut gebaut, dass man ihn fast immer um Hilfe bat, wenn neue Siedler kamen.

Solange er auf die Frühjahrsaussaat warten musste, verdingte er sich auf einer benachbarten Rinderfarm. Hier überstand er den ersten schrecklichen Winter. Wilde Stürme brausten von Norden heran und der Schnee fiel so dicht, dass man sich an einem Rettungsseil festhalten musste, wenn man vom Stall zum Haus gehen wollte. Im Sommer verdorrte das Korn in den glühenden Winden. Es gab keinen Regen, keinen Schatten, nur die Prärie, ihre leere Weite, die nur gelegentlich von einem Strauch am Horizont unterbrochen wurde. Bussarde kreisten am Himmel und Klapperschlangen sonnten sich auf den Steinen. Fast zwei Jahre kämpfte George mit den wilden Stürmen und der sengenden Sonne. In einem Garten vor seinem Haus hatte er dem kargen Boden ein paar Blumen abgetrotzt. Irgendwie brachte er sie mit Hilfe eines winzigen Gewächshauses an der Südseite sogar durch den Winter. Besucher traten aus der schneidenden Kälte bei ihm ein, öffneten die zugefrorenen Augenlider und staunten über die Blütenpracht in seiner Wohnung. An den langen Winterabenden häkelte er oder sortierte die Steine und andere Erinnerungen, die er auf seiner langen Wanderschaft gesammelt hatte.

Auf seinem Land lag eine große, kuppelartige Erhöhung. Immer wieder schritt er ihre Länge und Breite ab, prüfte den Boden, grub darin herum und wunderte sich über die erstaunliche Bodenform. „Eines Tages wird man unter diesem Hügel etwas finden", sagte er zu Frank Beeler. „Ich weiß nicht, was es sein wird, aber irgend etwas liegt dort verborgen!" Dieses „Irgendwas" erwies sich als Öl, das ein halbes Jahrhundert später entdeckt wurde. Und noch heute arbeitet eine Pumpe auf seinem ehemaligen Grundstück. Sie ist die einzige in 40 Meilen Umkreis.

Der Wechsel der Jahreszeiten und die Einsamkeit heilten allmählich Georges seelische Wunden. Er fing wieder an zu lesen und zu malen, und er gelangte zu der Überzeugung, dass ungezügeltes Selbstmitleid sich schließlich zu einer zerstörerischen Kraft entwickeln musste. Manche fühlten sich in der Prärie erst richtig wohl, ihm hatte sie nur als Versteck gedient, und er wollte sich nicht mehr verstecken. Er hatte keine besonderen Wünsche – abgesehen von dem einen, der nun unerreichbar geworden zu sein schien. Vielleicht konnte er irgendwo im Osten ein Gewächshaus oder eine Baumschule einrichten. Dann hatte er wenigstens Pflanzen um sich, die er liebte und am besten kannte.

Im Vorsommer des Jahres 1888 belastete er sein Grundstück mit einer Hypothek von 300 Dollar und brach nach Osten auf. Vor der Grenze Missouris bog er ab. Er schämte sich, seinen Heimatstaat wieder zu betreten, den er einst so siegessicher verlassen hatte. Er ging nordwärts nach Iowa,

arbeitete unterwegs als Wäscher, bis er unweit von Des
Moines ein grünes, friedliches Dorf, es hieß Winterset, erreichte. Hier fand er eine Anstellung als Hotelkoch, und in
der Kirche freundete er sich mit dem Arzt John Milholland
und seiner Frau an. Durch seine hohe Tenorstimme waren
sie während des Gottesdienstes auf ihn aufmerksam geworden, und vielleicht auch durch seine Einsamkeit, denn als
einziger Schwarzer saß er ein Stückchen abseits von der
übrigen Gemeinde. Nach dem Gottesdienst schickte die
Chorleiterin, Mrs Milholland, ihren Mann zu George und
lud ihn in ihr Haus ein. Das lange unterdrückte Bedürfnis,
sich einmal auszusprechen, mit Menschen beisammen zu
sein, war stärker als alle Vorsicht. George nahm die Einladung an und hatte künftig allen Grund, für diese
Entscheidung dankbar zu sein.

Das Haus der Milhollands war sehr schön eingerichtet,
doch George hatte nur Augen für das Klavier. Als Mrs
Milholland spielte, wurden die alten Träume wieder
lebendig, und er musste sich abwenden, um seine Gefühle
zu verbergen, die sich in seinem Gesicht spiegelten. Zum
Tee ging man in das Arbeitszimmer. Dort stand in einer
Ecke eine Staffelei mit einer Palette und dem etwas
leblosen Bild einer violetten Stechapfelblüte. „Sie malen!",
rief George aus und war von dieser Gleichheit der Interessen sehr beglückt.

„Ich versuche es", entgegnete Mrs Milholland lächelnd.
„Aber Sie sehen ja selbst, wie steif und tot meine Blumen
werden."

„Das liegt nur daran, dass die Blüte nicht im richtigen
Verhältnis gemalt ist. Und die Farben müssten kräftiger
sein. Hier ..." George konnte seine Begeisterung nicht
mehr zügeln, griff zur Palette, verkürzte mit ein paar Pin-
selstrichen die Perspektive und verlieh der Stechapfelblüte
schnell einen gewissen Liebreiz.

„Das ist aber gut!", rief Dr. Milholland aus. „Du solltest

dir von dem jungen Mann ein paar Malstunden geben lassen, Helen!"

Die Frau betrachtete noch immer bewundernd ihr verbessertes Bild. „Würden Sie das tun, George?", fragte sie.

Doch ehe dieser noch antworten konnte, setzte sie sich ihm gegenüber und sagte in sehr geschäftlichem Ton: „Wenn Sie mir Malstunden geben, erhalten Sie dafür Gesangsunterricht. Sie haben eine sehr angenehme Stimme, und mit ein wenig Ausbildung ... Nun, wer weiß ..."

Georges Herz klopfte stürmisch. Er musste sehr langsam sprechen, um nicht zu stottern. „Es wäre mir eine große Ehre."

Nun kam er wöchentlich drei- oder viermal nachmittags in das Haus der Milhollands, und schon bald fühlte er sich dort wie zu Hause. Wenn die Gesangs- und Malstunden vorüber waren, spielte er Klavier oder er saß im Herrenzimmer und vertiefte sich in die Bücher aus der reichhaltigen Bibliothek des Arztes. Den beiden kleinen Kindern der Familie erzählte er Geschichten, und im Nu hatte er den verwahrlosten Blumengarten in Ordnung gebracht. In langen Gesprächen vergingen allmählich die Gespenster seiner bösen Erinnerungen an Fort Scott und Highland. Die Unwissenheit war sein Gegner, nicht der Hass. Und er war nicht allein, solange es Menschen wie das Ehepaar Milholland gab. Er hatte Verbündete und konnte wieder hoffen.

An einem Sonntagabend fand er sogar den Mut, dem Ehepaar von seinem niederschmetternden Erlebnis in Highland zu erzählen.

„George", hatte Dr. Milholland begonnen, „Helen und ich haben uns schon öfter Gedanken darüber gemacht, was aus Ihnen werden soll. Sie haben einen viel zu klugen Kopf, um Koch oder Wäscher zu bleiben."

„Ich habe schon daran gedacht, Gärtner zu werden und eine Gewächshausanlage zu bauen", sagte er.

„Wir meinen, Sie sollten ein College besuchen", widersprach der Arzt.

George verkrampfte die Finger. „Ich habe es einmal versucht", sagte er und dann hatte er von seinem Traum erzählt, der ihn ins Büro von Rektor Brown geführt hatte.

„Wie schrecklich!" sagte Mrs Milholland mitfühlend.

Aber der Doktor wollte nicht nachgeben. „Das ist lange her! Sie dürfen sich dadurch nicht Ihr ganzes Leben verderben lassen. Es gibt da ein College, das von dem Methodistenbischof Simpson gegründet wurde. Er glaubt fest an die Gleichheit aller Menschen. Dort wird man Sie bestimmt aufnehmen, George, wenn Sie nur den Mut haben, es zu versuchen."

George schloss die Augen und erinnerte sich an seinen Traum und seinen Stern. „Ich weiß nicht", sagte er ruhig und sah dabei seine Freunde an. Würde er es je über sich bringen, ihren vertrauten Kreis zu verlassen?

Aber der Traum wich nun nicht mehr aus seinen Gedanken. Er hatte das Hotel verlassen und eine eigene Wäscherei eröffnet, und er schuldete noch ein gutes Stück Geld für das neuerworbene Grundstück. Die Stimme des Zweifels flüsterte ihm zu, er werde bis zum September nicht genug verdienen können, um das zurückzuzahlen.

„Wenn Sie nicht in diesem Herbst gehen, werden Sie niemals gehen", drängte Mrs Milholland jedes Mal, wenn sie ihn sah.

Und eines Tages, während er gerade ein Hemd bügelte, entschied er sich. Das von Bischof Simpson gegründete College war für weiße Studenten mit weißen Professoren, vielleicht setzte er sich zum zweitenmal einer Zurückweisung aus. Aber er wollte es wenigstens versuchen.

Er arbeitete Tag und Nacht. Ende August waren seine Schulden bezahlt. Eine Woche darauf besaß er eine kleine Summe, die ihm über die ersten Tage am Simpson-College hinweghelfen würde. In der Morgendämmerung des 9.

September 1890 brach er nach Indianola auf. Es war ein langer Weg von über 30 Meilen, aber George ging ihn hoffnungsvoll. Vielleicht schien dort sein Stern. Er musste es herausfinden!

Getreu im Studium und der Arbeit

> *George Carver nahm mich oft zu seinen botani-*
> *schen Ausflügen mit und weihte mich als erster*
> *in die Geheimnisse der Pflanzenwelt ein. ...*
> *Dieser Wissenschaftler, der einer anderen Rasse*
> *angehörte, hat mein Interesse für Pflanzen in*
> *einer Weise geweckt, die ich niemals vergessen*
> *werde.*
>
> Henry A. Wallace, US-Landwirtschaftsminister
> von 1933-1940

Ein Lehrer schrieb: „Er kam nach Indianola mit einem Ranzen voller Armut und dem brennenden Verlangen, alles zu wissen."

Er kam auch mit einer unbewältigten Erinnerung. Sie meldete sich plötzlich, als er die hübsche kleine Stadt sah, die Highland so ähnlich war. Seine Zunge wurde trocken, und sein Herz begann zu trommeln, als er im Büro des Rektors stand und sagte: „Ich bin George Carver, Sir."

Pfarrer Edmund M. Holmes betrachtete den Bewerber. Auch er sah die dunkle Haut. Aber sie zählte nicht. Die Zeugnisse, die George auf den Schreibtisch gelegt hatte, sagten deutlich, dass er die Voraussetzungen zur Aufnahme erfüllte, und Dr. Holmes reichte ihm die Hand. „Herzlich willkommen!", sagte er, und damit wurde George Carver als zweiter Schwarzer in das Simpson-College aufgenommen.

„Vielen Dank!" Die Worte waren unzulänglich; aber gab es überhaupt Worte, die seine Gefühle in diesem Augenblick ausdrücken konnten?

Sie besprachen die Vorlesungen, die George belegen wollte. Dann sagte George, er brauche Arbeit und ein Obdach. „Ob ich vielleicht irgendwo eine Wäscherei einrichten könnte?"

Dr. Holmes konnte ihm eine unbenutzte Hütte zur Verfügung stellen, die sich auf dem Collegegelände befand. Er wollte auch die Studenten darauf hinweisen, dass sie ihre Wäsche jetzt zu George Carver bringen könnten.

George trat in den strahlenden Nachmittagssonnenschein. Die Müdigkeit des achtstündigen Weges war vergangen. Er suchte seine Hütte und ging daran, sie zu säubern und seinen geringen Besitz zu ordnen. Dann ging er zum Schatzmeister und zahlte seine Aufnahmegebühr von zwölf Dollar. Dadurch verminderte sich sein Barvermögen auf zwölf Cents. Trotzdem war er noch immer glücklich und ging einkaufen. Er verschaffte sich Kredit, um das für eine Wäscherei notwendige Material kaufen zu können – Kübel, Waschbrett, Bügeleisen, Seife und Stärke – und wies seine Quittung vor, um zu beweisen, dass er in der Tat Student am Simpson-College war. Vom letzten Geld kaufte er ein wenig Schmalz und Mehl. Damit konnte er sich zunächst einmal über Wasser halten.

Die große Krise ließ nicht lange auf sich warten. Trotz seiner guten Vorsätze hatte Dr. Holmes in seiner professorhaften Zerstreutheit vergessen, den Studenten die Eröffnung der neuen Wäscherei anzukündigen. Tag für Tag wartete George vergebens auf Kunden. In einem Brief an die Milhollands schrieb er: „Ich lebte von Gebeten, Schmalz und Mehl, bis endlich auch Schmalz und Mehl ausgingen."

Unterdessen zeigte sich eine weitere Schwierigkeit. Nachdem er sich für Vorlesungen in Etymologie, Grammatik, Englisch und Mathematik eingeschrieben hatte, lief er zum Obergeschoss hinauf, um sich bei Miss Budd, der Kunstlehrerin, zu melden.

„Ich fürchte, Sie erfüllen nicht die Voraussetzungen für die Kunstklasse", sagte sie sofort. Sie tat an ihrem Schreibtisch sehr beschäftigt, hatte aber bereits die abgetragene Jacke und die schmächtigen Handgelenke des jungen Mannes bemerkt, der verlegen vor ihr stand.

George war verblüfft. „Aber Zeichnen ist doch meine Stärke", drängte er. „Darf ich es nicht wenigstens versuchen?" Der Duft der Ölfarben, des Terpentins und der Holzkohle umgab ihn, und die Sonne drang durch das Glasdach und beleuchtete die vielen wartenden Staffeleien. George konnte nicht fassen, dass dieses Heiligtum ihm verschlossen bleiben sollte.

Etta Mo Budd hatte selbst erst kürzlich das Simpson-College absolviert. Sie war ein kleines, feinfühliges Mädchen, dessen Gefühl manchmal stärker war als die Wirklichkeit, die sie vor Augen sah. Vor ihr stand ein Student, der bestimmt klüger daran tat, sich gründlich einem Studium zu widmen, das seinen Lebensunterhalt sichern konnte. Und obwohl sie das genau wusste, sagte sie: „Gut, Sie sollen es versuchen. Nach zwei Wochen werde ich Ihnen sagen, ob es sinnvoll ist."

Ernüchtert und ein wenig furchtsam durchlebte George die nächsten Tage. Düstere Fragen bedrängten ihn. Wenn er nun wirklich kein Talent für die Kunst hatte? Wenn er sich nun jahrelang etwas eingeredet hatte? Plötzlich war nichts mehr wichtig. Kein anderes Studienfach bedeutete so viel wie diese zweiwöchige Probezeit. Es wurde ihm klar, dass sein Verlangen, Maler zu sein, ihn mehr als alles andere hierhergetrieben hatte. Er, George Carver, wollte ein Künstler werden!

Ein grauer Tag löste den anderen ab. Die Mitstudenten betrachteten George erst mit beiläufiger Neugier und übersahen ihn dann völlig. Es kam George vor, als begrüßten sich die anderen 300 über seinen Kopf hinweg, wenn sie durch das Universitätsgelände gingen. Tagsüber fühlte er sich allein, und nachts war er oft bereit, alle seine Mühen aufzugeben. Er war ganz sicher, dass seine Skizzen und Zeichnungen Miss Budd ungenügend erscheinen mussten. Warum sagte sie sonst kein Wort darüber? Als sein spärlicher Lebensmittelvorrat zur Neige ging, und sich noch immer kein Kunde sehen ließ, fühlte er den endgültigen Zusammenbruch.

Er konnte nicht zwei volle Wochen warten. Es war immer noch besser, sein Schicksal so schnell wie möglich kennenzulernen.

Nach der Zeichenstunde blieb er zurück und sagte unbeholfen: „Miss Budd, Sie haben mir gesagt ... Ich meine, es war die Rede davon, dass ...“

„Ob Sie das Kunststudium fortsetzen sollten?“

„Ja.“

„Ich glaube, Sie sollten es. Bitte zahlen Sie ihre Kursgebühren heute Nachmittag beim Schatzmeister ein.“

Das Hochgefühl, das George für einen Augenblick fast überwältigt hatte, fiel wieder in sich zusammen. „Die Gebühren?“, sagte er ratlos.

„Was ist denn, George?“, fragte Miss Budd.

Und er erzählte ihr, wie er gehofft hatte, mit seiner Wäscherei seine Kosten zu bestreiten, wie er in der Hütte sein Geschäft eingerichtet habe, und wie seine Bottiche nun schon seit zehn Tagen leer stünden. „Deshalb kann ich die Gebühren heute Nachmittag nicht zahlen“, schloss er bedrückt. „Ich weiß nicht, ob ich sie überhaupt zahlen kann.“

Miss Budd legte nachdenklich die Fingerspitzen aneinander und sagte nach einer Weile: „Nun, der Schatzmeister kann wohl noch warten. Ich bin sicher, dass Sie bald ein wenig Geld verdienen werden.“

Sie war sicher, weil sie sich persönlich darum kümmern würde. Als erstes sagte sie ihren Schülern, dass George eine Wäscherei eingerichtet habe und ihre Hilfe brauche. Dann rief sie ihre Freunde in der Stadt an und sagte ihnen, dass sie einen sehr vielversprechenden Studenten habe, der vor allem warme Winterkleidung brauche und einige Möbel, die man für ihn erübrigen könne.

Als George wenige Tage später von den Vorlesungen

heimkam, öffnete er die Tür und blieb sprachlos stehen. Im ersten Augenblick glaubte er zu träumen. Statt der bisherigen Kisten und Kästen standen dort ein Tisch und zwei feste Stühle. Die Decke, die er zusammengerollt in einer Ecke zurückgelassen hatte, war jetzt säuberlich über ein richtiges Bett gebreitet. Teller standen auf dem Tisch, ein noch sehr gut erhaltener Mantel hing neben seinen Arbeitskleidern, und in der Kochnische lag ein frisches Brot neben einer Dose Büchsenfleisch.

Endlich wurde ihm klar, woher dieser Reichtum stammen musste. Tränen des Glücks traten ihm in die Augen. Immer wieder ging er durch das Zimmer, berührte seinen neuen Besitz und war von diesen Zeichen anonymer Hilfsbereitschaft so bewegt, dass er heftig erschrak, als an die Tür geklopft wurde. Eine Zeitlang blieb er wortlos stehen, bis draußen jemand rief: „He! Ist hier jemand zu Hause?"

So begann Georges Geschäft. Die Krise war überwunden. Wäsche stapelte sich, und er wusch und bügelte meist schon vor Tagesanbruch. Nie war er glücklicher gewesen. Als er versuchte, Miss Budd zu danken, machte sie nicht viel Aufhebens davon. Stattdessen tadelte sie ihn, weil er seinen neuen Mantel nicht trug. Schüchtern erwiderte George: „Es ist aber noch gar nicht kalt, und ich möchte ihn doch schonen."

„Unsinn!" gab die Lehrerin zurück. „Sie werden sich den Tod holen! Was haben Sie dann von Ihrer Wäscherei und den neuen Möbeln? Sie gehen jetzt sofort nach Hause und holen den Mantel!"

George nickte gehorsam und tat, was sie befohlen hatte.

Den ganzen Winter über bemühte er sich, Miss Budd zu vergelten, was sie für ihn getan hatte. Immer fand er eine Stunde Zeit, um ihr das Feuerholz zu hacken und hinter dem Herd zu stapeln. Als er erfuhr, dass eine Freundin der Lehrerin die Möbel beschafft und den Transport in seine Hütte bewerkstelligt hatte, war ihm klar, dass er auch ihr seine Dankbarkeit beweisen musste. Erst im folgenden Frühling fand er die Gelegenheit dazu. Die Dame war eine leidenschaftliche Gärtnerin, und im Frühjahr kümmerte George sich um ihre Blumen und legte in einer Ecke des Gartens ein wunderschönes Amaryllisbeet an. Als er dann ein Bild des blühenden Gartens malte und es seiner Wohltäterin zum Geschenk machte, war sie gerührt.

„Es ist wundervoll!", sagte sie. „Ich weiß gar nicht, wie ich Ihnen danken soll."

„Ich habe Ihnen zu danken", sagte George, „oder ich versuche es wenigstens. Sie waren so gut zu mir."

Es war eine bezeichnende Feststellung. In seinem ganzen Leben versuchte George Carver stets, Freundlichkeit mit Freundlichkeit zu vergelten. Unerwiderte Geschenke mochte er so wenig wie Unhöflichkeit oder Gleichgültigkeit. Wenn er mit seinen Mitmenschen eins sein wollte, wenn man ihm geben sollte, was ihm rechtens zukam, wenn er seinen vollen Teil an der allgemeinen Verantwortung übernehmen sollte, wie konnte er dann einem Menschen etwas schuldig bleiben?

Allmählich gewann er Freunde. Wie schon in Minneapolis, so blieben bald auch hier die Studenten beim Abholen der Wäsche noch ein Weilchen sitzen, um mit dem jungen Schwarzen zu sprechen, dessen Lebensgeschichte sich so sehr von ihrer eigenen unterschied. Manchmal hörten sie nur stumm zu, wenn er aus einem Buch vorlas, das er gegen den dampfenden Waschzuber gelehnt hatte. Manchmal aßen sie auch von seinen köstlichen Biskuits. Und immer wieder kamen Fragen: „Aber wie hast du nur in der Zeit leben können, in der du auf der Suche nach einer neuen Schule warst?" Oder: „Wohin wirst du von hier aus gehen, George?" Hierauf wusste er noch keine Antwort.

Am glücklichsten fühlte er sich, wenn er malen konnte. Manchmal stellte er sich vor, er würde seine Kunststudien in Paris fortsetzen, immer besser lernen, seinen Visionen Formen und Farben zu geben, ein Bild zu schaffen, das jene Welt der Schönheit und Ordnung darstellte, die er so lange gesucht hatte. Inzwischen aber war er mit der Gegenwart zufrieden. Der Kampf um das Überleben schien gewonnen zu sein. Die Erfüllung hing jetzt nur noch von seinen Leistungen, von seiner Energie ab. Mehr konnte kein Mensch verlangen, ob er nun schwarz oder weiß war. „In der High School erst erfuhr ich, was es heißt, ein Mensch zu sein", sagte er später, „und im Simpson-College konnte ich erst glauben, dass ich einer bin."

Oft auch machte er lange Morgenwanderungen durch die Wälder. Dann hatte er eine Blechbüchse bei sich. Er sammelte Steine und Sprößlinge ungewöhnlicher Pflanzen. Bald war jede freie Stelle in seiner Wohnung mit den unerschöpflichen Phänomenen der Natur geschmückt. Miss Budd ermutigte ihn, Blumen und Kräuter mit ins Atelier zu bringen. In der reichlichen Sonne dort gediehen sie prächtig. Von Landschaften war er jetzt zu Stillleben übergegangen, und sein Bild einer Rose oder eines Gänseblümchenstraußes strahlte die Wärme des Lebensfunkens aus, den George in allem Wachsenden spürte.

Einmal malte er zur Probe eine Kakteenveredlung, die er durchgeführt hatte. Das Bild schien Miss Budd zu gefallen, doch sie brachte es sehr lange nicht wieder mit. Als sie es dann endlich zurückgab, stellte sie die Frage, die George Carvers Leben die Richtung geben sollte: „Welche Zukunftspläne haben Sie eigentlich, George?"

Er hob unsicher die Schultern. Er spürte, dass etwas an diesem Bild ihn an einen Wendepunkt geführt hatte, doch er fühlte sich noch nicht bereit. „Malen", sagte er. „Künstler werden, falls Sie meinen, dass ich dafür begabt genug bin."

„Sicher sind Sie begabt genug, George, Sie haben ein sehr großes Talent. Aber nur wenige Maler können von ihrer Kunst leben, und Sie ..." Sie unterbrach sich, und George vollendete den Satz: „ ... sind ein Farbiger."

„Es ist immer gut, die Tatsachen zu sehen."

Dann herrschte eine bedrückte Stille zwischen ihnen. Das dunkelnde Atelier kam George plötzlich sehr unwirklich vor.

„Ich habe mich bisher noch immer selbst unterhalten können", sagte er.

„Aber wollen Sie wirklich immer anderer Leute Wäsche waschen oder ihr Feuerholz hacken?" Sie beugte sich zu ihm und sagte: „George, ich habe Ihr Bild meinem Vater gezeigt. Er ist Professor für Gartenbau am Landwirtschaftlichen College in Ames. Ich habe ihm erzählt, wie geschickt Sie mit Pflanzen umzugehen wissen. Er glaubt, dass Sie in der Landwirtschaft ein nützliches und auch einträgliches Leben führen könnten. Und deshalb meint er, Sie sollten nach Ames gehen."

„Und Sie?"

Sie gab seinen Blick zurück, und er las die Antwort in ihren Augen. „Ich halte es auch für richtig", sagte sie.

Wie ein Mühlstein lastete der Zwang zur Entscheidung auf ihm. Hätte Miss Budd ihn nicht gefragt, so wäre er sicher in der augenblicklichen Geborgenheit von Simpson geblieben. Er hatte seine Malerei und seine Freunde. Aber da die Worte nun ausgesprochen waren, bedrängte ihn das Gespenst der Zukunft. Er war schon über 30 und konnte nicht ewig Student bleiben.

Aber warum sollte er nicht Maler werden? Wenn er niemals ein Bild verkaufte und sein Leben lang in einer Hütte hausen und anderer Leute Wäsche waschen musste, so machte das gar nichts aus. Das war es doch, was er sich von Herzen wünschte! Und dann, als er an einem Frühlingsabend auf der Türschwelle saß und die Sterne betrachtete, sah er Tante Mariah Watkins vor sich und meinte, ihre Stimme zu hören. „Du musst wie Lobby sein", sagte sie. „Geh hinaus in die Welt und gib dein Wissen an deine Brüder weiter. Sie wollen ja so gern etwas lernen."

George wusste, dass er nach Ames gehen würde.

Das Jahrzehnt um die Jahrhundertwende war für die Landwirtschaft eine Zeit der Veränderungen und der Verheißungen; sie war im Begriff, zur Wissenschaft zu werden. Die Menschen begannen, die überkommenen Arbeitstechniken der Familienhöfe in Frage zu stellen. Sie suchten Abwehrmittel gegen die verheerenden Naturkräfte, Nahrung für den von Generationen ausgebeuteten Boden. Nirgends wurden die umwälzenden Forschungen gründlicher betrieben als im Iowa-State-College für Landwirtschaft, das 50 Meilen nördlich von Indianola lag. Neue Getreidesorten wurden auf riesigen Versuchsfeldern erprobt. In den Labors wurden die Zauberkräfte der Chemie mobilisiert, um mit ihrer Hilfe die Rätsel zu lösen, die Wachstum und Boden immer wieder neu aufgaben. Unbeeinflusst von alten Gepflogenheiten, unbeeindruckt von dem „Unmöglich" erfahrener Farmer, ging eine Gruppe junger Wissenschaftler in Ames daran, die amerikanische Landwirtschaft zu erneuern und ihr Denken für das nächste halbe Jahrhundert zu bestimmen.

Dr. Pammell war vielleicht der bedeutendste Botaniker des Landes. James Wilson, Dekan der landwirtschaftlichen Fakultät und Leiter der Versuchsfelder, sollte sechs Jahre später Landwirtschaftsminister der USA werden. Sein Assistent, Professor Wallace, übte dasselbe Amt unter den Präsidenten Coolidge und Harding aus. Als George Carver im Mai 1891 nach Ames kam, lernte der kleine Henry Wallace gerade laufen und konnte nicht ahnen, dass er im Jahre 1932 von Franklin D. Roosevelt zum Landwirtschaftsminister ernannt und acht Jahre darauf Vizepräsident der Vereinigten Staaten werden sollte.

George gefiel das Universitätsgelände im Grünen. Es war bei weitem die größte Schule, die er je gesehen hatte.

Aber er war zu einer ungelegenen Zeit gekommen. Das Studienjahr richtete sich nach dem landwirtschaftlichen Jahr und lief von Februar bis November. Jetzt im Mai, da das Semester längst im Gange war, schien niemand eine geeignete Unterkunft für den neuen Studenten zu wissen. Tama Jim, wie Professor Wilson von den jungen Studenten genannt wurde, brüllte wie ein Stier, als ihm diese missliche Tatsache zu Ohren kam.

„Schickt ihn zu mir!", bellte er. „Ich habe Platz für ihn."

Daraufhin wischte er seine Papiere vom Schreibtisch und zog in den zweiten Stock um. Dann ordnete er an, ein Bett in sein Büro zu stellen, und so wurde der größte und bequemste Raum des ganzen Hauses zum Zimmer des erstaunten und dankbaren Ankömmlings.

Aber eine andere Prüfung stand George noch bevor – immer würde irgendeine Prüfung auf ihn warten –, und er begegnete ihr mit derselben ruhigen Würde, mit der er alle großen und kleinen Beleidigungen ertrug, die ihm seine dunkle Haut eintrugen. Jemand sagte ihm, er dürfe nicht im Speisesaal essen, sondern müsse seine Mahlzeiten zusammen mit dem Küchenpersonal und den Landarbeitern einnehmen. Er tat es widerspruchslos. Zwar betrübte es ihn, so von den Gesprächen mit den Kommilitonen ausgeschlossen zu sein, doch andererseits dachte er, wenn die Weißen dort oben nicht besser sind als ich, so sind sie auch nicht besser als das Küchenpersonal und die Landarbeiter, mit denen ich nun esse.

Dabei wäre es wohl geblieben, wenn Professor Budd dies nicht in einem Brief an seine Tochter erwähnt hätte. Nun konnte zwar Miss Budd nicht mitten im Semester verreisen, doch ihre Freundin, Mrs Liston, konnte es. Kurz entschlossen stieg sie in den nächsten Zug nach Ames und überraschte einen leicht misstrauischen George. Den ganzen Tag verbrachte sie mit ihm und zeigte sich pflichtschuldigst beeindruckt, während er sie durch das

Universitätsgelände führte und ihr seine Professoren vorstellte. Zur Tischzeit bestand sie darauf, mit ihrem Freund zusammen zu essen.

„Aber, ich weiß wirklich nicht", stammelte der für den Speisesaal Verantwortliche kleinlaut und bedrückt. „Was wird der Dekan dazu sagen? Und Professor Wilson?"

„Darüber hätten Sie besser nachgedacht, als Sie Mister Carver aus dem Speisesaal verbannten", gab die entrüstete Dame zurück und fügte über die Schulter hinzu: „Und denken Sie daran, dass ich Mr Carver auch künftig besuchen werde."

George machte Mrs Liston mit seinen Freunden im Keller bekannt, und alle genossen eine lebhafte Tischunterhaltung. Als er aber am nächsten Morgen zum Frühstück gehen wollte, wurde George gebeten, in Zukunft im Speisesaal Platz zu nehmen. An Tisch sechs sei ein Platz für ihn reserviert.

Er war von Anfang an beliebt. Sein höheres Alter und seine weitreichenden Kenntnisse flößten Achtung ein, und seine Begeisterung für die Possen der jüngeren Studenten verhinderte jeden Versuch, ihn isoliert zu halten. Schon nach einer Woche hatte er eine Tischsitte eingeführt, die noch heute zu den Gebräuchen von Ames gehört. Wer irgendeine Speise oder ein Gewürz haben wollte, musste mit der wissenschaftlichen Bezeichnung darum bitten. Die Frage: „Kann ich bitte das Salz haben?", erzeugte nur ein mitleidiges Lächeln. Wer sich an triticum vulgare erinnerte, bekam Brot, musste jedoch auf Kartoffeln verzichten, wenn der Ausdruck solanum tuberosum ihm entfallen war – falls er nicht das Glück hatte, in der Nähe von George Carver zu sitzen. Er war der Erfinder und Schiedsrichter dieses Spieles, und doch konnte er einer Bitte um Hilfe nicht widerstehen. „Wie ist die Formel für Zucker, George?", flüsterte ein Junge ihm heimlich zu, nachdem er ohne Lust in seinem geschmacklosen Haferbrei herumgestochert hatte. Und George wisperte zurück: „C12H22O11", und sah sich schuldbewusst um, ob auch niemand ihn beobachtet hatte.

Sein Studienfleiß war beeindruckend. Sich stets seines fortgeschrittenen Alters bewusst, belegte er Vorlesungen in Botanik, Geometrie, Chemie, Zoologie, Bakteriologie und Entomologie.

Manchmal versetzte er seine Lehrer nicht nur mit seinem Wissen in Erstaunen, sondern auch mit seiner schnellen Auffassung, selbst für die verwickeltsten Theorien. Besonders die Chemie fesselte ihn. Eine vertraute Substanz in ihre Bestandteile zu zerlegen, sich näher an das Herz der Dinge heranzutasten, das war der Beginn einer Antwort auf seine zahllosen Fragen.

Die Geometrie bildete eine Ausnahme. Etwas an den Linien und Winkeln verwirrte ihn. Warum war ein bestimmtes Dreieck dem anderen kongruent, und was ergab sich daraus? In einem Brief an die Familie Milholland schrieb er über seinen Geometrielehrer: „Stanty, wie er hier liebevoll genannt wird, tut alles, um mich für die Geometrie zu begeistern. Da ihm aber ein so minderwertiges Material zur Verfügung steht, sind seine Bemühungen nicht gerade von strahlendem Erfolg gekrönt."

Obwohl er auch jetzt wieder für seinen Lebensunterhalt arbeitete – als Pförtner und Kellner, als Helfer im Gewächshaus und Labor –, fand er doch noch Zeit für eine ganze Reihe zusätzlicher Beschäftigungen. Er wurde Mitglied einer literarischen Gesellschaft und nahm an ihren Vorlesungen und Diskussionen teil. Seine Stimme war noch immer sehr hoch und neigte dazu, bisweilen mitten im Satz zu brechen, doch George ließ sich von keiner Verlegenheit daran hindern, sich auszudrücken. Wenn seine Zuhörer auch zunächst über sein Wechseln in mädchenhafte Stimmhöhen belustigt waren, so mochte er sie schließlich doch mit der Intensität seiner Aussage und seinem Sinn für Dramatik zu fesseln. Beharrlich übte er sprechen und singen und eroberte sich dadurch sogar einen Platz im College-Quartett. Eines Tages wurde er nach einem Fest von einem Mitglied des Konservatoriums in Boston angesprochen. Man bot ihm ein Stipendium an. George lehnte ab. Wenn die Malerei seinen Lebensunterhalt nicht sichern konnte, so konnte es auch die Musik nicht. Und später betrachtete er dieses Gespräch immer als den Augenblick, in dem er seinen inneren Widerstand endgültig bezwungen hatte.

Auf irgendeine Weise wurde er auch offizieller Trainer der Leichtathleten, und bald wusste er über die menschliche Anatomie so viel wie jeder Arzt. Von Anfang an schien von seinen Händen ein besonderer Zauber auszugehen. Er konnte einem erschöpften Fußballspieler die Müdigkeit fortmassieren und einen Muskelkrampf im Nu beseitigen. „Doktor" war sein Spitzname im Bomb, dem satirischen College-Jahrbuch. Und unter einer Karikatur von ihm stand: „Das ist Doc, den nicht einmal die Kritiker kritisieren."

Da das College für Landwirtschaft vom Staat unterhalten wurde, erwartete man von den männlichen Studenten, dass sie sich den Studentenbataillonen der Nationalgarde anschlossen, in ihren blauen Kadettenuniformen an den Übungen und am taktischen Unterricht teilnahmen. George war es klar, dass er als Schwarzer niemals Offizier der Armee werden konnte. Trotzdem, und vielleicht lag darin ein wortloser Protest, unterzog er sich eifrig allen Übungen. Als General Lincoln, der unwirsche und hitzköpfige Kommandeur der Nationalgarde von Ames, ihn wegen seiner nachlässigen Haltung zurechtwies, beschloss George, den durch die jahrelange schwere Arbeit zugezogenen Haltungsschaden zu beseitigen. Jeden Morgen ging er nun zwei Meilen mit auf dem Rücken verschränkten Armen und einem Stock unter den Achsel-

höhlen. Wenn er bei dieser Übung eine noch so verlock-
ende botanische Abart entdeckte, beugte er sich nicht
nieder, sondern er kniete, um die Pflanze betrachten zu
können. Die Erfolge ließen nicht lange auf sich warten. Innerhalb von zwei Jahren stieg George vom Kadetten zum
Kapitän auf, dem höchsten Studentenrang. Es gibt ein Foto, das ihn stocksteif in seiner Uniform zeigt, doch das
deutlichste Erfolgszeichen waren die Worte General Lin-
colns: „Dieser äußerst vornehme und tüchtige Kadett hat
allein durch seine persönliche Entschlossenheit und seine
Verdienste den Grad eines Kapitäns erreicht. Ich könnte
nicht stolzer auf ihn sein."

Fast ein Jahr hatte George keinen Pinsel mehr angefasst.
Ölfarben und Leinwand waren in einem Koffer verschlossen, als fürchtete er, ihr bloßer Anblick könne ihn von
seinem Gelübde abbringen, anderen zu helfen. Jetzt aber
hatte er ein klares Ziel vor Augen, und nun schaute er doch
einmal wieder in den Koffer, zeichnete einige Entwürfe und
stellte sogar seine Staffelei auf. Bald malte er Bilder, mit denen er den Raum der literarischen Gesellschaft ausschmü-
cken wollte. Als die Winterferien begannen, besuchte er
wieder das Simpson-College und nahm am Mal-Unterricht
von Miss Budd teil.

Sie freute sich, ihn wiederzusehen, doch sie konnte ihn
nicht mehr viel lehren. „Er hatte ein instinktives Formge-
fühl", sagte sie von ihm, „und wenn ich ihm auch hin-
sichtlich der Farben hin und wieder einen Rat geben konnte, wagte ich doch nicht mehr, mich in sein Genie einzu-
mischen." So verbrachte George die Tage damit, die Yuc-
capflanze zu malen, an die er sich von seiner Wüstenwan-
derung her so deutlich erinnerte, dann eine Vase mit
Rosen, Päonien. Er verlor sich ganz in das Geheimnis der
Schöpfung, wurde eins mit seinen Farben und lebte in
Frieden mit der Welt. Im Winter 1891/92 schuf er einige
seiner bemerkenswertesten Bilder.

Im Frühjahr war er wieder in Ames, fest entschlossen, auch im folgenden Winter zum Simpson-College zurückzukehren. Doch seine Arbeitsweise forderte ihren Zoll. Im Herbst erkrankte er an Anämie, und er war so verzweifelt darüber, dass er dicht an den Rand eines Nervenzusammenbruchs gelangte.

Er litt oft unter Geldmangel. Eines Tages, mitten im schneereichen Winter, bemerkte Professor Wilson den traurigen Zustand seiner Schuhe und zog einen Geldschein aus der Brieftasche, den er George in die Hand drückte. „Ich möchte, dass Sie sich dafür Schuhe kaufen", sagte er. Und ehe George noch einen Widerspruch anbringen konnte, brüllte er los: „Sofort!" Und George floh.

Der Lehrerverein des Staates Iowa hielt zwischen Weihnachten und Neujahr seine Jahresversammlung in Cedar Rapids. Eine Kunstausstellung mit Werken aus Iowa gehörte zum Programm. Professor Budd fragte George: „Wollen Sie nicht einige Ihrer Bilder ausstellen?"

„Ich fürchte ... Ich kann mir die Reise nicht leisten", war seine ehrliche Antwort.

„Das ist zu schade", sagte der Professor nachdenklich. „Meine Tochter hält Sie für den besten Maler Iowas."

„Sie ist zu freundlich", erwiderte George lächelnd. „Und vielleicht ist sie auch ein bisschen voreingenommen." Und er ging wieder an seine Arbeit und versuchte, seinen aussichtslosen Wunsch zu unterdrücken.

Am Tage nach Weihnachten saß er in seinem Zimmer und beobachtete das Schneetreiben. Ein Zweig am Fenster deutete auf das Fest hin, doch George trug seine fleckige und zerschlissene Arbeitskleidung. Er wollte am Nachmittag ein wenig Geld verdienen, indem er das Haus eines Professors wieder in Ordnung brachte. Bald fuhr draußen der Schlitten vor, den Dr. Brady für ihn geschickt hatte, George warf seinen Mantel über und lief hinaus.

Dr. Brady saß jedoch nicht auf dem Bock. Ein Student

hielt die Zügel, und andere Studenten drängten sich bereits auf dem Schlitten. „Hm, ich dachte ...", begann George zweifelnd.

„Steig auf!", rief der Fahrer ihm zu. „Wir bringen dich schon ans Ziel."

Irgendwie fanden sie noch einen Platz für ihn. George merkte bald, dass der Schlitten das Universitätsgelände verließ und auf die Stadt zufuhr. Außerdem zeigten sich jetzt auch immer wieder kleine Gruppen von Studenten auf der Straße und liefen neben dem Schlitten her.

„Was soll denn das heißen?", fragte George.

„Es ist wegen Weihnachten", antwortete jemand ausweichend, und die anderen stimmten ihm lauthals zu.

„Dann lasst mich lieber absteigen", bat George. „Ich soll nämlich ..."

„Bleib sitzen!", befahlen sie. „Wir wissen, was du eigentlich sollst." Dann sangen sie und achteten nicht weiter auf George und seine Proteste, abgesehen davon, dass sie ihn stets auf den Sitz zurückzogen, wenn der Schlitten langsamer fuhr und er abspringen wollte.

Endlich hielten sie vor einem Herrenbekleidungsgeschäft.

„Los, George!", drängten sie.

„Aber in meinen Arbeitskleidern kann ich da nicht hineingehen!", wandte er ein.

„Gerade deswegen sind wir hier!", versicherten sie und mussten ihn fast in das Geschäft tragen.

Der Besitzer schien auf diese Invasion einer ausgelassen lärmenden Meute vorbereitet zu sein und brachte sofort einen hübschen grauen Anzug. „Probieren Sie ihn einmal wegen der Größe," sagte er.

George wandte sich an seine Kommilitonen und schimpfte: „Jetzt hat der Spaß aber lange genug gedauert! Ich werde keine Kleidung kaufen!"

Tatsächlich aber blieb ihm keine andere Wahl. Widerstrebend ließ er sich in eine Umkleidekabine schieben, und schon zog man ihm die Arbeitskleider aus und zwängte ihn in den grauen Anzug. Die Jungen erklärten feierlich, er säße ganz ausgezeichnet. Dann führten sie den völlig sprachlosen George wieder in den Laden und kauften Hut, Hemd, Krawatte, Handschuhe, Schuhe und Socken. Schließlich half man ihm in einen dunklen Mantel, und die ganze Bande stürmte so lebhaft, wie sie hereingeplatzt war, wieder auf die Straße. George wurde kurzerhand auf den Schlitten gehoben, und die einzige Antwort auf seine verwirrten Fragen war schallender Gesang.

„Aber wer soll denn das alles bezahlen?", schrie er in der Pause zwischen zwei Strophen, doch auch darüber blieb er ohne Auskunft.

Der Schlitten hielt vor dem Haus von Professor Wilson. In der Tür standen die Professoren Wilson und Budd und lächelten ihm zu. Zum erstenmal, seit die Meute ihn aufgegriffen hatte, gelang es George, Aufmerksamkeit zu finden.

„Sirs", sagte er nur, „ich sollte eigentlich heute Nachmittag arbeiten."

„Richtig."

„Ja, ich habe versprochen, das Haus Dr. Bradys in Ordnung zu bringen, aber diese Burschen hier ..."

„Sie reisen heute nachmittag nach Cedar Rapids."

„Hört! Hört!", rief ein anderer.

„... haben mich hierhergeschleppt", vollendete George seinen Satz kaum hörbar.

„George", sagte Professor Wilson in die nun allmählich eintretende Stille, „die meisten von uns meinen, unser Collegen sollte bei der Kunstausstellung des Lehrervereins würdig vertreten sein. Hier ist Ihre Fahrkarte nach Cedar Rapids, und dort stehen die Bilder, die Professor Budd in Ihrer Wohnung ausgesucht hat. Seine Tochter hat ihn dabei beraten."

Benommen nahm George den Umschlag und legte die

Hände auf die sorgsam verpackten Bilder. „Aber Dr. Brady ...", begann er wieder.

„Mit ihm haben wir alles geregelt. Er freut sich, dass Sie fahren."

„Aber wie soll ich denn das viele Geld jemals zurückzahlen?" Er machte sich wirklich Sorgen. Almosen wollte er von keinem Menschen annehmen.

„Sie haben bereits alles bezahlt." Professor Wilson legte ihm die Hand auf die Schulter. „Junger Mann, die geringe Summe, die Ihre Klassenkameraden und Professoren gegeben haben, ist wenig genug für die Ehre, Ihr Freund sein zu dürfen. Ich glaube an Sie, mein Junge!" Er räusperte sich.

„Außerdem ist es spät. Sie müssen jetzt los. Ihre Arbeiten stehen übrigens bereits im Katalog der Ausstellung."

George blinzelte, um richtig lesen zu können, was in dem kleinen Büchlein stand: „G. W. Carver, Nr. 25: Rosen, Nr. 43: Päonien, Nr. 99: Yucca gloriosa, Nr. 186: Vase mit Blumen."

Er sah von einem zum anderen, und beim ersten Versuch gelang es ihm nicht, ein Wort hervorzubringen. Endlich murmelte er: „Ich danke Ihnen! Ich danke euch allen!" Dann wandte er sich ab, denn er weinte.

Er rechtfertigte hundertprozentig das Vertrauen, das sein College in ihn gesetzt hatte. Bei der Ausstellung, die George nach seiner Ankunft in Cedar Rapids aufbauen half, wurden seine vier Gemälde mit Preisen ausgezeichnet, und Yucca gloriosa wurde ausgewählt, im nächsten Jahr bei der Weltausstellung in Chicago gezeigt zu werden. Dort erwarb es im Wettstreit mit Berufskünstlern aus aller Welt lobende Anerkennung, und die Zeitungen in ganz Iowa berichteten über den Erfolg George Carvers. Aber Preise und plötzlicher Ruhm berührten ihn nicht so sehr wie die Beweise herzlicher Freundschaft, die er erfahren hatte.

Im Jahre 1894 bestand George Carver seine Examen. Mit seiner Arbeit „Die vom Menschen veränderte Pflanze" erwarb er den so lange ersehnten Grad eines Bachelor of Science. Er lag an der Spitze seines Jahrgangs, und Dr. Pammell reihte ihn unter die hervorragendsten Studenten ein, die er jemals unterrichtet hatte. Ein Blumenzüchter in Ames bot ihm eine Stellung an, doch George lehnte ab, obwohl er noch nicht wusste, was er unternehmen würde. „Ich habe nicht deswegen um eine Ausbildung gekämpft, um schließlich Blumen für die Toten zu binden", sagte er.

Mrs Liston kam aus Indianola, um an der Examensfeier teilzunehmen. Als Geschenk von Miss Budd und den früheren Studienkameraden im Simpson-College brachte sie einen Strauß roter Nelken mit. Gerührt steckte George sich eine Blüte in das Knopfloch, und seither war er niemals mehr ohne eine Blume oder einen Zweig zu sehen. Mrs Liston vertraute er auch seine geheime Hoffnung an. In der Versuchsstation war eine Assistentenstelle frei, und er hatte sich darum beworben.

„Aber ich verlasse mich nicht zu sehr darauf", sagte er mit einem schüchternen Lächeln. „Schließlich gibt es viele tüchtige Bewerber, und noch nie gehörte ein Farbiger zum hiesigen Lehrkörper."

„Aber es hat hier auch noch nie ein Farbiger sein Examen abgelegt", erwiderte Mrs Liston. „Ich glaube, Sie werden es schaffen."

Ein paar Tage darauf schickte Dr. Pammell nach ihm. „Nun, Sir, was sind Ihre Pläne?", fragte er.

George sank in sich zusammen, denn er hielt diese Worte für eine höfliche Ablehnung seiner Bewerbung. „Ich habe noch gar nicht darüber nachgedacht", murmelte er. „Ich denke, vielleicht wird mich irgendeine kleine Schule nehmen."

„Nehmen? Wieso? Sie sind doch bereits vergeben!" Pammell lächelte ihn an, und seine Zähne blitzten zwischen dem schwarzen Bart hervor. „Sie sind mein neuer Assistent, und ich möchte gern hören, welche Pläne Sie für die Versuchsstation haben. Möchten Sie gern das Gewächshaus übernehmen?"

George stockte der Atem. Endlich brachte er hervor: „Und ob ich das möchte, Sir! Ich bin Ihnen ja unendlich dankbar!"

„Wir sind dankbar, Sie zu haben, Carver. Wir konnten keinen besseren Mann für diese Stelle finden."

Die Arbeit war nicht leicht, doch George fühlte sich jedesmal reich belohnt, wenn er das Gewächshaus betrat. Einst hatte er hier Säcke mit Blumentopf-Erde geschleppt und Topfscherben aufgelesen. Jetzt war er nicht mehr Helfer, sondern verantwortlicher Leiter. Er war – und er musste es sich selbst immer wieder vorsagen, um es glauben zu können – ein Wissenschaftler.

Überall auf den Feldern ringsum wurde für die Zukunft gearbeitet. Um Professor Wallace versammelte sich eine Gruppe junger Intellektueller, deren ganze Kraft darauf gerichtet war, ein Korn zu züchten, das Krankheiten und Dürrezeiten widerstand. Pammell veröffentlichte Schriften über Pflanzenkrankheiten – an zwei von ihnen hatte sein neuer Assistent mitgewirkt, die richtungweisend für ihr Gebiet wurden. Die Landwirtschaft wurde wieder als die große Mutterwissenschaft betrachtet. „Die Nation lebt nur solange wie ihr Boden", pflegte Wallace zu sagen, und die engen Beziehungen zwischen Boden, Pflanzen und Menschen wurden so sorgfältig erforscht wie noch nie.

George stürzte sich voll Eifer in diese Atmosphäre des Fragens und Forschens. Er arbeitete für seine Promotion, während er zugleich Assistent war und sich besonders mit Mykologie beschäftigte, jenem Zweig der Botanik, der sich vor allem mit dem Pilzwuchs befasst. Bald besaß er eine Sammlung von ungefähr 20000 Abarten, und seine Geschicklichkeit im Kreuzen ließ ganze Familien von Obstsorten und Pflanzen gegen Pilzbefall unempfindlich werden. Wissenschaftliche Zeitschriften begannen, in George W. Carver eine Kapazität zu sehen. Er reiste kreuz und quer durch den Staat Iowa, hielt Vorträge über Gartenbau und Mykologie und benutzte bildhafte Darstellungen, um seine aus Farmern und Landwirtschaftsbeamten bestehende Zuhörerschaft von seinen Ergebnissen zu überzeugen. „Wenn Sie einen Menschen aus Iowa zum Nordpol brächten und dort zurückließen, so müssten Sie ihn mit Kleidern und Nahrungsmitteln versorgen, weil er sonst umkäme. Ebenso können Sie einen Apfelbaum nicht in fremden Boden verpflanzen, wenn Sie ihm nicht die hierfür besondere Pflege angedeihen lassen." Der kleine Pflanzendoktor aus Diamond Grove verkündete seine Erkenntnisse jetzt zum Wohle der Landwirtschaft des ganzen Staates.

Morgens watete er durch die Schlammlöcher an den Ufern des Skunk River, jederzeit bereit niederzuknien und eine Pflanze zu betrachten. War sie vom Pilz befallen? Und war es vielleicht eine Pilzart, die er noch nicht kannte? Oft stand ihm das Wasser in den Schuhen, und die Hose war bis zu den Hüften durchnässt; doch er schien keine Unbequemlichkeit zu bemerken, wenn er ein Stück einer vergilbenden Pflanze sah und über ihre mykologische Bedeutung nachdachte.

Einmal begegnete ihm bei der Arbeit ein kleiner, sechsjähriger Junge, der ihn neugierig nach seinem Tun fragte.

„Ich suche nach einem Pilz", sagte George und wandte den Blick nicht von der Wasserpflanze.

„Was ist das?"

George richtete sich auf. Der Junge sah ihn ernst, fast feierlich an und erwartete eine Antwort. „Hm", sagte George nachdenklich, „ein Pilz, das ist ein Lebewesen, das auf einem anderen Lebewesen lebt, wie zum Beispiel manche Giftpilze. Hast du schon einmal einen Giftpilz gesehen?"

87

„Hm."

„Siehst du, und hier ist ein solcher Pilz." Er zeigte dem Jungen die kleinen dunklen Flecken auf einem Blatt. „Er frißt sich in die Pflanze hinein, und davon wird sie krank."

„Und Sie machen sie wieder gesund?"

George lächelte. „Ich will es versuchen." Er stand auf, und die beiden gingen miteinander dem College zu, der Wissenschaftler und der ernsthafte kleine Junge mit den grauen Augen.

„Wo wohnst du denn?", fragte George unterwegs.

„Da oben auf dem Berg in dem gelben Haus."

„Bei Professor Wallace?"

„Hm, ich bin doch Henry Wallace."

So begann eine Freundschaft, die ein halbes Jahrhundert währen sollte und sich auf Zuneigung und gegenseitige Achtung gründete. Hand in Hand gingen die beiden, wann immer es die freie Zeit erlaubte, über Land und Sumpf, und der Junge lauschte gespannt, wenn George ihm erklärte, wie die Natur durch äußere Zeichen die Geheimnisse des Bodens preisgab. Gräser, die fast gleich aussahen, waren tatsächlich so verschieden wie die Menschen. Der kleine Henry lernte schnell die winzigen Blüten der einzelnen Arten zu unterscheiden. Von dem jungen Assistenten übernahm er eine bleibende Zuneigung zur Amaryllis, und noch Jahrzehnte später tauschten beide seltene Arten aus.

Im Gewächshaus zeigte George dem Jungen, wie er Pflanzen miteinander kreuzte, indem er den Samenstaub der einen sorgfältig auf den Stempel der anderen brachte. Gebannt sah der Junge zu, wie George eine rote Rose auf einen gelben Rosenstrauch pfropfte.

„Aber wozu ist das denn gut?", wollte Henry wissen, und George erinnerte sich ergriffen, wie er als kleiner Junge gefragt hatte, warum die Rosen vor der Hütte der Carvers gelb, die unter dem Fenster aber rot waren.

„Aus vielen Gründen", erklärte er, als spräche er mit einem Erwachsenen. „Das Pfropfen kann die Wachstumszeit verkürzen. Oder eine Pflanze, die in unserem Klima nicht gedeiht, überlebt ausgezeichnet, wenn sie auf eine widerstandsfähigere Pflanze gesetzt wird."

Bald unternahm der junge Henry seine ersten eigenen Versuche. Er studierte Samen unter dem Mikroskop. Und Jahrzehnte später schrieb Vizepräsident Henry Wallace über diese Zeit seines Lebens: „Wenn ich auch nur ein kleiner Junge war, bin ich heute doch ganz sicher, dass Dr. Carver meine botanische Fähigkeit aus lauter Herzensgüte übertrieb. Aber sein Vertrauen weckte mein natürliches Interesse und den Wunsch, mich auf diesem Gebiet hervorzutun. Sein Lob tat mir wohl, wie Lob Kindern meist wohltut."

George blieb stets der beste Freund des Jungen, und es war bezeichnend für diese Freundschaft, dass die Leute schließlich sagten, Henry könne sogar auf einem Holzfußboden Korn wachsen lassen. Die beiden Freunde blieben niemals längere Zeit ohne Verbindung miteinander und wechselten Briefe bis zum Tode Dr. Carvers. Darin tauschten sie ihre Gedanken aus und berieten gemeinsam viele landwirtschaftliche Probleme.

Im Jahre 1896 erhielt George Carver den Grad eines Doktors der Landwirtschaft und der botanischen Bakteriologie. Nie zuvor war er so glücklich gewesen. Aber manchmal beunruhigte ihn sein Glück. Erfüllte er mit der Arbeit in Iowa wirklich seine Pflicht? Er war ein Schwarzer, und im ganzen Lande strebten Millionen seiner Brüder aus Leid und Unterdrückung nach einem Platz an der Sonne. Half er ihnen damit, dass er ihnen ein Beispiel gab, was ein Schwarzer durch unablässige Mühe erreichen konnte? Oder musste er unter seinesgleichen leben und mit ihnen die Kenntnisse teilen, die er so mühsam erworben hatte? Er dachte an Lobby, die Sklavin aus Tante Mariahs Mädchenzeit, die unter Gefahren andere Sklaven das Lesen lehrte. Und er dachte daran, dass Tante Mariah ihm aufgetragen hatte, sein Wissen an seine Brüder weiterzugeben.

Sicher hatte Gott einen bestimmten Plan für ihn. Er würde ihn zur rechten Zeit erfahren. Inzwischen aber fühlte George sich von Fragen bedrängt. Irgendein neuer Weg schien auf ihn zu warten.

Ungefähr um diese Zeit kämpfte in einer 800 Meilen entfernten Kleinstadt Alabamas ein Mann namens Booker T. Washington darum, seinen Traum eines Lehrinstituts für Farbige durchzusetzen. Er hatte wenig, womit er arbeiten konnte, und fast kein Geld. Dafür aber hatte er ein starkes Sendungsbewusstsein, und er war fest entschlossen, die farbigen Mitmenschen aus Unwissenheit und Sklavenarbeit zu befreien, falls menschlicher Wille und unermüdliche Mühe das vermochten. Er war der anerkannte Sprecher aller Schwarzen und hatte Tag für Tag mit neuem Unheil zu kämpfen.

„Diese Menschen wissen nicht, wie sie pflügen, pflanzen und ernten sollen", schrieb er. „Ich selbst bin in solchen Dingen unerfahren. Ich lehre sie lesen und schreiben, zeige ihnen, wie sie gute Schuhe und gute Backsteine machen können. Aber ich kann ihnen nichts zu essen geben, und sie leiden Hunger."

Immer wieder verglich er die Handvoll Menschen an seiner Schule mit der großen Zahl derer, die er nicht erreichen konnte. Es wurde ihm immer klarer, dass er einen Menschen brauchte, der den Schwarzen zeigen konnte, wie man säen und ernten musste. Irgendwo, so hatte er gehört, sollte es einen bekannten Wissenschaftler geben, einen Farbigen, an einer Universität in Iowa. Ihm schrieb Washington am 1. April 1896 diesen Brief:

„Ich habe Ihnen kein Geld, keine hervorragende Stellung und keinen Ruhm zu bieten. Geld und Stellung haben Sie; Ruhm werden Sie auf Ihrem jetzigen Arbeitsfeld zweifellos gewinnen. Ich bitte Sie, das alles aufzugeben. Stattdessen biete ich Ihnen Arbeit, schwere Arbeit. Ich biete Ihnen die Aufgabe, ein Volk aus Erniedrigung, Armut und Nutzlosigkeit zur wahren Menschlichkeit zu führen."

Vier Tage später stand ein schlanker Mann mit einem Falkengesicht in der blassen Vorfrühlingssonne. Ringsum grünten die Felder von Iowa. Und sein Blut rauschte, sein Herz klopfte schneller. Gott hatte seinen Plan für George Carver enthüllt.

Tuskegee

Ihre Abteilung besteht nur auf dem Papier,
Carver, und Ihr Labor müssen Sie im Kopf
haben.

Booker T. Washington

Booker Taliaferro Washington wurde wahrscheinlich im Jahre 1856 auf der Burroughs-Pflanzung in Virginia in der Sklaverei geboren. Seine Mutter war Köchin im „Großen Haus", und jeden Sonntag durfte sie ein paar Kuchenstücke für ihre drei Kinder mit heimnehmen. Dieses Heim bestand aus einer kleinen Hütte auf dem Sklavenhof, ohne Fenster und mit einem Fußboden aus gestampfter Erde. Für Booker, der tagaus, tagein von Weizenbrot und fettem Schweinefleisch lebte, bedeuteten diese Kuchen ein atemberaubendes Festmahl.

Manchmal wurde er in das Haus gerufen, um Fliegen vom Tisch im Eßzimmer zu vertreiben. Selbst als Junge wurde er schon sehr hoch eingeschätzt. Aus den Abrechnungen ist zu ersehen, dass sein Wert mit 400 Dollar angegeben wurde. Von seinem Vater wusste er nur, dass er ein weißer Mann von einer benachbarten Pflanzung war. Booker war noch keine zehn Jahre alt, als der Bürgerkrieg endete und die Sklaven befreit wurden. Er erinnerte sich, dass ein Offizier der Armee auf der Veranda des Großen Hauses etwas vorlas, was wohl die Emanzipationserklärung gewesen sein muss. „Ihr seid frei!", sagte der Mann, und Booker fühlte die Tränen seiner Mutter, als sie sich zu ihm niederbeugte und ihn küsste. Überall war Jubel und Gesang. Bis zum Morgen währte der Freudentrubel.

Dann aber, im hellen Licht des Tages, machten sie sich nüchterne Gedanken. Sie fragten einander ratlos: „Wovon sollen wir leben? Woher soll die Nahrung kommen? Woher die Kleider und das Dach über dem Kopf? Wer wird sich um unsere Alten kümmern? Wohin sollen wir gehen?" Sie wussten keine Antwort.

„Es war, als wollte man ein zehnjähriges Kind allein in die Welt hinausschicken", schrieb Washington später. „In wenigen Stunden sollten diese Menschen jetzt Probleme lösen, mit denen sich die angelsächsischen Völker jahrhundertelang geplagt hatten."

Fast als Einziger unter den farbigen Führern erkannte Washington, dass die Emanzipation allein noch kein Problem löste. Vier Millionen Menschen waren in eine fremde und feindselige Freiheit entlassen worden, ohne Geld, ohne Heim, ohne Arbeit, ohne Stimme. Sie waren als frei erklärt worden – aber frei wozu? Um mit ihren ehemaligen Herren, die den Niedergang des Südens auf die nimmersatten Wünsche der Sklaven zurückführten, in den Wettbewerb um den Lebensunterhalt zu treten?

Versuche, die sich als falsch erwiesen, waren unvermeidlich. Die Straße, die vor den Schwarzen lag, war ein Jahrhundert lang mit Missverständnissen und Hindernissen gepflastert worden. Nur wenige würden jemals begreifen, dass man wirklich nur von Grund auf beginnen konnte; ihnen widmete Booker T. Washington sein Leben. Er mühte sich, die eben gewonnene körperliche Freiheit sinnvoll werden zu lassen und in ungeübte schwarze Hände die Werkzeuge des Wissens, des Unternehmungsgeistes und der echten Chance zu legen.

Sein Weg aus der Sklaverei in die Ruhmeshalle seines Volkes begann in jenem Jahr 1865. Der junge Booker zog mit Mutter und Geschwistern über die Berge nach West-Virginia. Sie besaßen einen altersschwachen Eselskarren und mussten den größten Teil des Weges nebenher gehen. In Malden, einer kleinen Stadt nahe bei Charleston, wartete der Ehemann der Mutter, Bookers Stiefvater. Er verdingte den Neunjährigen kurzerhand zur Arbeit an ein Salzbergwerk. Sieben Jahre lang wog und packte Booker Salz und schaffte unter Tage. Sein Verlangen, lesen und schreiben zu lernen, gab ihm die Kraft, nach und nach eine bruchstückhafte Bildung zu erwerben.

Fast alles, was er las und hörte, sagte ihm, die Schwarzen seien die niedrigsten und hoffnungslosesten Geschöpfe Gottes. „Zuerst hätte ich mich am liebsten in irgendeinen fernen Winkel der Welt verkrochen, um nichts mehr mit meinem Volk zu tun zu haben." Tatsächlich aber band ihn dieses Fegefeuer seiner Jugend nur enger an seine schwarzen Brüder. „Ich beschloss, mein Leben darauf zu verwenden, die Welt zur Achtung vor dem Schwarzen und vor seinen künftigen Fähigkeiten zu zwingen", schrieb er später.

Im Jahre 1872 hörte er von einer Schule für Farbige in Hampton, in der Nähe von Norfolk. Er brach auf, um sich für sein großes Ziel zu rüsten. 500 Meilen lief er durch das von Nachkriegswirren zerrissene Virginia. Er arbeitete als Pförtner, um seinen Lebensunterhalt zu verdienen, studierte fleißig, bestand im Jahre 1875 seine Examen und kehrte nach Malden zurück, um dort an der Schule für Schwarze zu unterrichten. Sein Unterricht dauerte von morgens um acht bis abends um zehn Uhr, und seine Schüler waren tagsüber Kinder und abends Erwachsene. Allen aber brachte er nicht nur Rechnen, Lesen und Schreiben bei, sondern unterwies sie auch in der so wichtigen Körper- und Gesundheitspflege.

Vier Jahre später übernahm Washington ein Lehramt in Hampton. Es war im Mai 1881, als der Rektor seiner Schule eine dringende Anfrage aus Tuskegee erhielt, das tief im schwarzen Gürtel Alabamas lag. Die Behörden hatten die Einrichtung einer Schule für Schwarze gestattet. War es möglich, aus Hampton einen weißen Lehrer zu schicken, der eine solche Schule einrichten und leiten konnte? Der

Rektor antwortete, dass er für eine solche Aufgabe zwar keinen weißen Lehrer zur Verfügung habe, er könne jedoch einen farbigen empfehlen, der nach Bildung und Fähigkeiten hervorragend geeignet sei. Sein Name sei Booker T. Washington. Drei Tage später erhielt der Rektor folgendes Telegramm: „Sind mit Washington einverstanden. Schicken Sie ihn sofort!"

Tuskegee war eine lebhafte kleine Stadt, in der tausend Weiße und tausend Schwarze wohnten. Von den schlimmsten Schrecken des Krieges war sie verschont geblieben, doch die Landeigner wünschten sehnlich ihre bequeme, sorglose Vergangenheit zurück. Die Pächter warfen erbitterte Blicke auf ihre farbigen Mitbewerber, und die Politiker klammerten sich angstvoll an ihre Ämter in einer chaotischen Zeit, die den Schwarzen sogar das Stimmrecht gebracht hatte.

„Ich wäre Ihnen für Ihre Wahlunterstützung dankbar," sagte der spätere Senator von Alabama, W. F. Foster, zu dem ehemaligen Sklaven Lewis Adams. „Was kann ich für Ihre Leute tun?"

Adams zögerte nicht. Er war von seinem weißen Vater als Sohn anerkannt worden und hatte eine rechte Ausbildung erhalten. Ihr verdankte er, dass er nicht nur als Metallarbeiter gut verdiente, sondern auch Führer der schwarzen Bevölkerung seines Distrikts geworden war. Eine gute Schulbildung erschien ihm besonders wichtig, und so sagte Adams seine Hilfe zu, wenn Foster sich nach seiner Wahl für die Errichtung einer Schule für Schwarze einsetzen werde.

Man wurde sich schnell einig, und W. F. Foster wurde gewählt. Im Senat brachte er den Antrag ein, 2000 Dollar für die Errichtung einer Bildungsanstalt für künftige schwarze Lehrer bereitzustellen. Es gab Widerstände und Drohungen. „Wenn wir die Schwarzen bilden, wer soll dann die schmutzige Arbeit tun?" Aber am 12. Februar 1881 wurde die Vorlage zum Gesetz.

Booker T. Washington kam im Juni nach Tuskegee und wohnte bei Lewis Adams. Seine „Schule" war in einem Gebäude der methodistischen Episkopalkirche untergebracht, einem baufälligen Haus, das jeden Augenblick unter seinem eigenen Gewicht zusammenzubrechen drohte, und in einer dicht daneben gelegenen Hütte, die in einem noch schlimmeren Zustand war. Es gab keine Bücher, keine Tafeln, keine Pulte und keine Schüler. Ein weißer Lehrer, der vor Washington berufen worden war, hatte schleunigst die Koffer wieder gepackt, nachdem er die verheerenden Zustände gesehen und sich angehört hatte, was von ihm erwartet wurde.

Washington war zwar auch enttäuscht, doch es drückte ihn nicht nieder. Sein Mut und sein Draufgängertum ließen ihn angesichts scheinbar unüberwindlicher Schwierigkeiten wachsen und entschlossener werden. Zwei Tage nach seiner Ankunft hatte er sich Maulesel und Wagen geliehen. Die Schwarzen des Distrikts sollten erfahren, dass ein Lehrer in ihrer Mitte war, der sich um sie kümmern wollte, und er selbst musste mit eigenen Augen sehen, was er für diese Menschen wirklich tun konnte. Einen Monat durchstreifte er das Land, schlief jede Nacht in einer anderen Hütte, hörte die Klagen armer Farmer, erfragte die kargen Hoffnungen, die sie für sich und ihre Kinder hegten. Mit allen Mitteln versuchte er, ihnen ein Gefühl für ihren eigenen Wert zu geben, doch er hatte dabei gegen ein tragisches Geschick anzukämpfen. Ein alter Mann, der vor vielen Jahren in die Sklaverei verkauft worden war, schloss seine Geschichte: „Wir waren zu fünft. Mein Bruder, ich und drei Maulesel."

Als Washington nach Tuskegee zurückkehrte, türmte sich seine Aufgabe wie ein Gebirge vor ihm auf. Er kam sich ihr erschreckend wenig gewachsen vor, doch er ging an die Arbeit.

Am 4. Juli 1881 hielt die Schule ihren Einzug in das baufällige Haus. Sie hatte 30 Schüler, von denen die meisten älter als ihr Lehrer waren. Wenn es regnete, hielt ein Schüler einen Schirm über Washingtons Kopf, wenn die Winterstürme kalt durch die Ritzen der Wände bliesen, kauerte man sich dicht zusammengedrängt auf den Boden, um den heftigsten Zugriffen des Windes zu entgehen. Aber jeden Morgen sah sich Washington seine Schüler genau an und beanstandete schmutzige Schuhe, kragenlose Hemden und fleckige Hosen. Wenn eine Gruppe ihm aufgeregt von einer großen Prügelei berichtete, antwortete er kühl: „Das ist keine Neuigkeit, sondern Klatsch", und gab seinen Schülern auf, bis zum nächsten Tage festzustellen, was gerade im Parlament beraten wurde.

Gegen Ende des Jahres hörte Washington, dass eine Meile nördlich der Stadt 100 Morgen Land einer verlassenen Pflanzung für 500 Dollar zu haben seien. Der Boden war ausgedörrt und nur vier baufällige Hütten standen darauf. Der Preis war zu hoch. Aber Washington hatte jetzt 50 Schüler, und er träumte von der fünfzigfachen Anzahl. So schrieb er an seinen früheren Direktor in Hampton und bat um ein Darlehen, für das er persönlich haften würde. Das Geld traf postwendend ein, und wenige Tage darauf streiften Schüler und Lehrer durch die Hütten der Pflanzung, durch Küche, Stall und Hühnerhaus. Sie hämmerten, putzten und kalkten.

Inzwischen konnte auch eine weitere Lehrkraft eingestellt werden, Miss Olivia A. Davidson, die später Washingtons Frau werden sollte. Sie ging als erstes daran, Geld aufzutreiben, um die Schulden zurückzuzahlen. Sie besuchte die wohlhabenden Mitbürger, veranstaltete Feste, Konzerte und Essen. Und die Menschen spendeten im Rahmen ihrer Möglichkeiten. „Ich habe kein Geld", sagte eine alte farbige Frau, die eines Tages zu Washington gehumpelt kam, „aber das hier gebe ich gern, damit die jungen Leute etwas lernen können." Damit legte sie sechs Eier auf den Tisch. Die 500 Dollar waren nach fünf Monaten zurückgezahlt.

Inzwischen wurde das Land gesäubert und bestellt. Für die meisten Schüler war das Umgraben des Bodens und das Schwingen einer Axt weit von dem entfernt, was sie sich unter Bildung vorstellten. Manche hatten bisher geglaubt, wenn sie etwas lernten, würden sie später nie mehr schwer arbeiten müssen, und die Schule bedeutete ihnen so etwas wie ein Fluchtweg vor der Arbeit. Als dann Dr. Washington gemeinsam mit ihnen und mit geschulterter Axt hinauszog, hörte das Murren auf. Die Würde der Arbeit war das Grundkonzept, auf dem Tuskegee wachsen und gedeihen sollte.

Aber es war ein unaufhörlicher Kampf. Jede neue Studentengruppe musste erst mit der Wahrheit vertraut gemacht werden, dass die Würde eines Menschen nicht durch der Hände Arbeit erniedrigt wird. Die Jungen waren in der Armut aufgewachsen, die der einzige Ertrag aller Mühe ihrer Eltern gewesen war. Nun glaubten sie mit kindlicher Einfalt, die Schule befreie nicht nur von körperlicher Arbeit, sondern sie liefere zudem auch die Mittel für ein künftiges Leben ohne Mühen. Bankwesen und Handel wollten sie studieren, während sie noch mit den Fingern rechneten, und die meisten von ihnen aßen auch noch mit den Fingern. Washington lehrte sie waschen, pflügen und pflanzen. Seine Schule sollte nicht Wissenschaftler, sondern tüchtige Lehrer, Techniker und Farmer hervorbringen. Er sah Tuskegee als einen Ort, aus dem Generationen von Fachleuten hervorgehen sollten, die dann ihrerseits die Menschen auf der untersten Sprosse der Leiter lehrten und ihr Wissen weitergaben, bis der Einfluss der Schule endlich das ganze Volk erfasste.

„Keine Rasse, die etwas zu den Märkten der Welt beizutragen hat, kann lange aus der menschlichen Gesellschaft
ausgestoßen bleiben", lehrte Washington, und seine Studenten legten allmählich ihre falschen Vorstellungen ab
und machten sich an die Arbeit.

Nachdem sie zwanzig Morgen Land gerodet und bestellt
hatten, bauten sie ein dreistöckiges Haus. Es zeigte zwar
alle Mängel nichtfachmännischer Arbeit, war jedoch im
November bezugsfertig. Hier weihten die Studenten ihre
Kapelle ein, und hier schliefen sie im Winter zitternd vor
Kälte, denn es gab nicht genug Wolldecken. Jetzt hatte die
Schule bereits 150 Schüler und vier Lehrer. Ein weiteres
Haus wurde gebraucht. Diesmal sollte es aus Stein sein.
Die Studenten gruben Lehm, bauten Brennöfen, die der
Reihe nach versagten. Washington verpfändete seine Uhr
für 15 Dollar, um einen letzten Versuch zu finanzieren,
und endlich entstand Alabama Hall, ein vierstöckiges,
festes, aber einfaches Haus. Washington kam niemals dazu,
seine Uhr wieder einzulösen, doch er ließ Millionen von
Backsteinen für die Gebäude des Instituts und für den
gesamten Bedarf Tuskegees brennen.

In den folgenden 15 Jahren wurden 40 Häuser gebaut,
und nur vier davon entstanden nicht durch die Arbeit
der Studenten. Der Geist von Tuskegee setzte sich schnell
in jeder neuen Klasse durch. Einem Neuling, der sein
Monogramm in eine Klassentür schnitzte, wurde das
Messer aus der Hand gerissen. „Ich habe diese Tür gemacht!", schrie ihn ein älterer Student böse an. „Ich schlage
dich zusammen, wenn du noch einmal daran herum-
schnitzt!"

Wie das Bauen und das Brennen von Backsteinen zu den
Lehrfächern der Schule gehörten, so entstanden auch andere
Abteilungen aus den Alltagsbedürfnissen des Instituts. Da es
an Geld fehlte, um Wagen zu kaufen, wurde eine Stell-
macherklasse eingerichtet. Ein ehemaliger Sklave brachte

sein Werkzeug mit nach Tuskegee und zeigte den Studenten, wie sie selbst Messer und Gabeln herstellen konnten. Lewis Adams bildete Sattler aus. John Washington, der Bruder des Direktors, lehrte Bienenzucht, und so konnte der Speisesaal mit Honig versorgt werden. „Was wir selbst tun können, wird auch getan", pflegte Dr. Washington zu sagen, und er ging seinen Studenten mit bestem Beispiel voran. Er unterrichtete mehrere Klassen und leitete die Bibelstunden am Sonntagabend. Er überwachte das Brennen der Ziegel und die Landarbeit. Er besserte Zäune aus, überprüfte und bestellte die notwendigen Vorräte, kontrollierte Küche und Schlafräume und war trotzdem jederzeit für jeden Studenten zu sprechen, ob er nun schlechte Nachrichten von zu Hause erhalten hatte oder sich im ungewohnten Schulleben nicht zurechtfand. Tom Campbell, der in jenen Jahren Washingtons Kutscher war, berichtete, jede Sekunde sei für den Direktor kostbar gewesen, und der kleinste Aufenthalt habe ihn erbost. „Wenn er von einer Reise zurückkam, und ich ihn vom Zug abholte, ergriff er oft selbst die Zügel. Dann taten mir die Pferde leid." Es war, als würde er ständig von den Dingen angetrieben, die getan werden mussten, und von der dunklen Vorahnung gepeinigt, dass seine Zeit auf Erden begrenzt war.

Washington reiste in dieser Zeit durch die ganzen Staaten, weckte überall Interesse, beschaffte Gelder und warb für ein besseres Verständnis zwischen schwarzen und weißen Amerikanern. Sein Name und seine Arbeit waren bald im ganzen Land bekannt. Als Frederick Douglass, der erste große Sprecher der Schwarzen, im Jahre 1895 starb, fiel die Führung ganz selbstverständlich an den Sklavenjungen, der sich aus tiefster Dunkelheit emporgearbeitet hatte; im gleichen Jahr hörte das amerikanische Volk erstaunt, dass er eingeladen worden war, auf der Internationalen Ausstellung von Atlanta zu sprechen.

Diese große Handelsschau sollte aller Welt zeigen, dass

die konföderierten Staaten sich von den Nachwehen des Krieges erholt hatten. König Baumwolle hatte wieder seinen Thron bestiegen und war bereit, den Handel mit Kaufleuten aus dem Norden und den Fabriken in aller Welt aufzunehmen. Wenn man aber duldete, dass ein Schwarzer vom selben Pult sprach wie die weißen Redner – sagten die Reaktionäre mit Präsident Cleveland an der Spitze –, so gestand man vor aller Welt ein, dass Schwarze und Weiße am Ende doch gleich waren.

Washington war sich der Schwierigkeit deutlich bewusst. Von dem, was er sagte, hing die Zukunft seiner farbigen Brüder für die nächsten Jahre, ja vielleicht Jahrzehnte ab. Lange und sorgfältig arbeitete er an seiner Rede, las sie mehrmals seinen Studenten vor und fühlte sich noch immer „wie ein Mann auf dem Weg zum Galgen", als er am 17. September den Zug nach Atlanta bestieg.

Tausende von Menschen füllten den großen Saal. Die Schwarzen auf der Galerie jubelten, sobald Dr. Washington sich zeigte. Die Weißen blieben still. Die „New York World" berichtete darüber: „Ohne zu blinzeln, wandte er das Gesicht der Sonne zu und begann zu reden. Er ist eine bemerkenswerte Erscheinung, groß, knochig, aufrecht wie ein Sioux-Häuptling, mit hoher Stirn, gerader Nase, kräftigen Kiefern und entschlossenen Gebärden. Seine Stimme klang klar und ehrlich, und seine Pausen nach jeder Feststellung waren eindrucksvoll. Nach zehn Minuten waren die Zuhörer in einem Taumel der Begeisterung. Taschentücher wurden geschwenkt, Hüte in die Luft geworfen, Stöcke geschwungen. Die vornehmsten Damen Georgias sprangen auf und jubelten. Es war, als hätte der Redner sie verzaubert."

Washington begann seine Rede mit einem Gleichnis. Ein Schiff ist in einen schweren Sturm geraten; es treibt manövrierunfähig in der See. Endlich begegnet das Schiff einem Boot und setzt ein Signal, mit dem es um Wasser

bittet. Man ruft den Männern zurück: sie sollten ihre
Eimer dort, wo sie sich gerade befinden, ins Wasser lassen.
Mehrmals wiederholen sie ihre Bitte, und jedesmal erhalten sie die gleiche Antwort. Schließlich befiehlt der
verzweifelte Kapitän, einen Eimer über Bord zu lassen, der
mit glasklarem Wasser gefüllt hochgezogen wird. Die
Schiffbrüchigen befanden sich in der weiten Mündung des
Amazonas. Die braune Faust geballt, erklärte Booker T.
Washington: „Denjenigen meiner Rasse, die meinen, in
einem fremden Land ihre Lage verbessern zu können und
nicht bedenken, wie wichtig es ist, freundliche Beziehungen zum weißen Manne des Südens zu unterhalten,
möchte ich zurufen: ‚Werft euren Eimer dort über Bord,
wo ihr jetzt seid!' Den Angehörigen der weißen Rasse aber
rufe ich dieselben Worte zu wie meinen Brüdern. ‚Werft
eure Eimer aus unter den acht Millionen Schwarzen, deren
Gewohnheiten ihr kennt, deren Liebe und Treue ihr erprobt habt. Werft die Eimer aus unter diesen Menschen,
die eure Felder bestellt, eure Wälder gerodet, eure Eisen-
bahnen und Straßen gebaut haben.'"

Die Versammlung jubelte zustimmend, wurde jedoch
schnell still, als der Redner die Hand hob. Und dann
sprach Washington einen Satz, der einen neuen Begeis-
terungssturm auslöste und ihn zum Führer einer neuen
Generation von Schwarzen machte:

„In allen gesellschaftlichen Dingen können wir getrennt
sein wie die Finger einer Hand; aber eins wie eine Faust
müssen wir sein, wenn es um den gemeinsamen Fortschritt
geht.“

So unglaublich es auch erscheinen mochte, die kurze
Rede Booker T. Washingtons erwies sich als der eigentliche
Höhepunkt der gesamten Ausstellung. Zeitungen im
ganzen Lande druckten sie wörtlich ab. Die „Constitution“
in Atlanta schrieb: „Die Rede dieses Mannes bedeutet den
Beginn einer moralischen Revolution in Amerika.“ Und

Präsident Cleveland schrieb: „Die Ausstellung hätte ihren Zweck erfüllt, wenn sie nur diese Rede ermöglicht hätte." Plötzlich war Booker T. Washington einer der bekanntesten Männer des Landes geworden, und die Probleme und Sehnsüchte seines Volkes wurden besser als je zuvor verstanden.

Doch der Gegenschlag ließ nicht lange auf sich warten. Für viele Angehörige seiner eigenen Rasse bedeutete Washingtons scheinbare Bereitschaft, auf politische und soziale Forderungen der Schwarzen zu verzichten, nahezu Verrat. „Onkel Tom!", spotteten sie und forderten, dass der starke Arm der Schwarzen das Recht erobern müsse, auf das sie Anspruch hätten, und wenn nötig, werde dabei auch Blut fließen.

Washington antwortete seinen Kritikern niemals unmittelbar. Das ließ seine Arbeit nicht zu. Als er aber lange nach seinem Tod von gewissen Teilen seines Volkes noch immer verächtlich als „Onkel Tom" bezeichnet wurde, hatte man längst erkannt, dass ein Kampf um die Bürgerrechte im Jahre 1895 vielleicht die Ausrottung der amerikanischen Schwarzen bis zum Jahre 1900 zur Folge gehabt hätte. Zu jener Zeit wurde noch die Frage diskutiert, ob der Schwarze in der Tat ein Mensch sei. Er war ungebildet und ohne Führung. Er hatte weder eine klare Vorstellung von den politischen und sozialen Rechten, die in seinem Namen gefordert wurden, noch hatte er die geringste Ahnung, was er mit diesen Rechten hätte anfangen sollen, wenn sie ihm plötzlich zuteil geworden wären. Arbeitskraft, so sagte Washington, sei der einzige verkäufliche Besitz des Schwarzen. Durch Arbeit allein konnte er in dieser Welt aufsteigen. Er bestritt nicht, dass den Schwarzen das Recht auf Gleichheit mit den Weißen zustünde, doch er war tief überzeugt, dass der Schwarze diese Gleichheit erst allmählich erringen musste. Aber zunächst musste er überleben. Gab man dem Schwarzen die Gelegenheit, seine Geschicklichkeit auszunützen, so würde er zur rechten Zeit auch lernen, die Früchte seiner geistigen Arbeit zu verkaufen. Dann aber konnte ihn nichts mehr aufhalten, dann war seine Zeit in der Geschichte angebrochen.

So setzte Washington sich nicht nur unermüdlich für die kleine Zahl der Studenten von Tuskegee ein, sondern für alle Farmer, ihre Frauen und Kinder meilenweit im Umkreis. Die landwirtschaftliche Abteilung des Instituts sollte mit den neuesten Arbeitsmethoden bekannt machen, aber sie sollte auch auf das Land hinausgehen, um dem Menschen auf der untersten Sprosse der sozialen Stufenleiter zu helfen, von seinem dürftigen Stück Boden eine gute Ernte zu gewinnen. Im Oktober 1896 stand in den Institutsnachrichten, dass die neue Abteilung von George W. Carver geleitet werde, der bereits aus Iowa unterwegs sei.

George W. Carver war schon einmal die Leitung einer Fakultät an einem anderen Institut angeboten worden. Damals hatte Professor Wilson geschrieben: „Ich kann ihn hier nicht entbehren. Bei aller Achtung vor den Professoren möchte ich doch sagen, dass er ihnen völlig gleichwertig ist und sie auf bestimmten Arbeitsgebieten erheblich übertrifft. Wir haben hier niemanden, der seinen Platz einnehmen könnte, und ich würde mich von keinem anderen Mitarbeiter mit so großem Bedauern trennen wie von ihm. Solch ein Lob habe ich noch niemals ausgesprochen, doch es ist vollauf verdient."

George blieb in Iowa, doch die Trennung sollte bald kommen. Die Aufforderung Washingtons war seiner Meinung nach eine unüberhörbare Mahnung an seine Pflicht. „Genau darauf", so schrieb er nach Tuskegee, „habe ich mich jahrelang vorbereitet. Für mich ist Bildung der goldene Schlüssel zum Tor der Freiheit für unser Volk." In einem anderen Brief an Washington schrieb er: „Kein

Mensch darf auf die Welt kommen und sie wieder verlassen, ohne ein deutliches Zeugnis vom Sinn seines Daseins der Welt zu geben. Ich bete darum, dass meine Arbeit in Tuskegee mein Lebenszweck werden möge."

Während dieses langen Sommers der Vorbereitungen und des Briefwechsels schrieb er an den Direktor von Tuskegee: „Ich habe Ihre bewegende Rede von Chicago gelesen. Zu jedem Wort konnte ich nur Amen sagen. Sie haben die richtige Lösung des Rassenproblems gefunden." Niemals waren zwei unterschiedlichere Männer zwei so weit voneinander entfernte Wege gegangen, um endlich gemeinsam ein Ziel zu verfolgen.

Ein Kollege versuchte, George zum Bleiben zu überreden, und meinte, hier könne er doch viel mehr Geld verdienen, als Tuskegee ihm je zu bieten habe. „Das interessiert mich nicht", antwortete Carver und packte weiter. Auf dem Abschiedsempfang überreichte Professor Wilson im Namen der Kollegen und Studenten dem scheidenden Mitarbeiter ein besonders wertvolles Mikroskop. Carver hielt es lange in den Händen und betrachtete es mit feuchten Augen. „Alles, was ich bin", sagte er dann mühsam, „verdanke ich dieser Schule und Ihnen allen. Dafür danke ich noch herzlicher als für dieses herrliche Geschenk."

„Glückliche Reise!", riefen sie ihm nach, als er den Zug bestieg und ihnen noch einmal zuwinkte. Dann verließ er die Ebenen des Mittleren Westens, die ihn genährt hatten und auf denen er zum Mann herangereift war. Er eilte südwärts in ein unbekanntes Land und fuhr endlich seinem unbekannten Stern entgegen.

Die fruchtbaren Felder blieben zurück; der rote und gelbe Lehmboden Dixies dehnte sich endlos neben den Schienen. Bald fuhr der Zug durch verstreute weiße Baumwollflecken, dann dehnten diese sich zu weiten Feldern, die sich erst am Horizont verliefen. Zum erstenmal begriff George die Größe seiner Aufgabe. Er kam in das Reich des

Königs Baumwolle, und die Folgen seiner Tyrannei waren deutlich zu sehen. Nichts von allem, was George studiert hatte, war eine Vorbereitung darauf gewesen, das erschütternde Los der zahllosen Menschen zu bessern, die diesem erbarmungslosen und harten Herrscher Tribut zu zollen hatten.

Es war Erntezeit. Wer Kraft hatte, seine Hände zu rühren, war auf den Feldern und pflückte Baumwolle. Frauen und Kinder, die Rücken von den sich langsam füllenden Säcken gebeugt, plagten sich mühselig durch die endlosen Reihen voran und pflückten und pflückten. Als der Zug vorüberfuhr, reckten sie sich einen Augenblick, die schwarzen Gesichter ohne Hoffnung, die Augen in ein namenloses, stummes Sehnen verloren. Dann bückten sie sich wieder und pflückten weiter. Das also waren seine Menschen. George empfand tiefes Mitleid mit ihnen und fühlte sich bedrückt von der riesenhaften Aufgabe, die auf ihn wartete. Er wusste, dass dieses Bild, das er jetzt vom Zugfenster aus sah, auch noch nach 1000 Meilen ostwärts, westwärts oder südwärts so blieb. Überall gab es dieselben endlosen Felder, dieselbe Mühe, dieselben Menschen in Lumpen, die unter derselben wachsenden Last arbeiteten, stöhnten und litten. Die Baumwolle wuchs bis vor die Türen ihrer trostlosen grauen Hütten mit den zerfallenen Schornsteinen und den löchrigen Dächern. Kein Baum, keine Blume, kein Gemüsebeet durfte sich in das Reich des Königs Baumwolle drängen. Baumwolle bedeutete Geld, und nichts anderes zählte für die weißen Besitzer und auch nicht für die wenigen Schwarzen, die selbst ein paar Morgen ausgemergelten Bodens besaßen. Sie konnten jeden Ballen Baumwolle verkaufen, den sie ernteten, und der schwarze Pächter, der das Land eines weißen Besitzers bebaute – falls er es überhaupt bekam –, konnte auch nichts anderes anbauen. Er hatte keine Maschinen und nicht einmal einen

Maulesel. Er wusste nichts von Gemüse und Obst, von Hühnern und Getreide. Es gab nur die Baumwolle, und oft reichte das hierfür eingenommene Geld nicht einmal aus, um nur die Schulden im Kaufladen des Landeigners zu zahlen.

Die Baumwolle beherrschte den Süden seit 100 Jahren. Sie hatte den Boden ausgesaugt und auf derselben Fläche eine immer geringere Ernte gebracht. Neue Farmen mussten angelegt, Wälder gerodet werden, um Platz für neue Baumwollfelder zu schaffen. Ohne den Schutz der Bäume und die verbindende Kraft ihrer Wurzeln wurde die fruchtbare Bodenschicht vom Regen ausgewaschen und vom Wind fortgeweht. Unzählige Millionen von Tonnen unschätzbar wertvoller Nährstoffe wurden zum Meer geschwemmt und gingen für immer verloren. Doch für jede neue Generation war die Baumwolle stets der König gewesen, dem man sich unterordnete. So wurden immer weitere Bäume gefällt, weitere Baumwollfelder entstanden, und ein alter Farmer beantwortete Carvers Rat, doch etwas anderes anzupflanzen, mit den erschütternden Worten: „Mein Sohn, ich weiß alles, was man über den Ackerbau wissen kann. Ich habe in meinem Leben schon drei Farmen verbraucht."

Am frühen Morgen des 8. Oktober 1896 erreichte George die Bahnstation Chehaw, drei Meilen nördlich von Tuskegee. Kein Mensch war auf dem Bahnhof noch sonst irgendwo unter der sengend heißen Sonne zu sehen. Unbeeindruckt machte Carver sich auf den Weg, setzte hin und wieder seinen Koffer ab und beugte sich über eine ihm unbekannte Pflanze. Er trug hochgeschnürte Schuhe, eine abgetragene Mütze und seinen grauen Anzug mit der unvermeidlichen Blume im Knopfloch. Er sah nicht gerade wie der neue Leiter eines landwirtschaftlichen Instituts aus. Als endlich ein Junge mit einem Wägelchen zum Bahnhof geklappert kam, hatte George bereits einen Armvoll der Flora von Alabama gesammelt.

„Hallo", rief der Junge, „Sie dort! Haben Sie vielleicht einen Herrn gesehen, der auf eine Fahrt zum Institut wartet? Einen Mister Carver?"

„Das bin ich", sagte Carver nur.

Der Junge riss die Augen auf. „Der Professor?", fragte er und kletterte von seinem Sitz, um den Koffer zu nehmen. „Tut mir leid, dass ich zu spät komme", stotterte er, „aber die Pferde ..."

„Ich habe nicht gewartet", gab George zurück. „Ich habe mich inzwischen mit den Pflanzen bekannt gemacht." Er suchte einen grünen Halm aus seiner Sammlung. „Kannst du mir sagen, was das ist?"

„Ja", sagte der Junge, „ein Grashalm."

George lächelte. „Gräser sind sie alle. Aber jedes Gras hat seinen Namen und einen bestimmten Wert."

Der Junge ging nach hinten. „Ja, Sir", sagte er zweifelnd und warf den Koffer auf den Wagen. Dann fuhren sie an Baumwollfeldern, verlassenen Farmen und zerfallenen Hütten vorüber nach Tuskegee.

An jeder Wegbiegung reckte George den Hals, um nur ja nicht den ersten Blick auf seine neue Wirkungsstätte zu verpassen. Er stellte sie sich als eine Oase in diesem ausgebeuteten Land vor, als einen Ort der Ordnung und der grünen Felder, von dem er ausgehen konnte, um den Menschen ringsum zu helfen. Aber selbst als der Wagen in das Gelände des Instituts einbog, wusste George noch nicht, dass er an seinem Ziel angekommen war. Nichts hier sah anders aus als die verkommenen, verwahrlosten Felder, durch die er soeben gefahren war.

Der Wagen hielt vor einem einfachen Blockhaus, und der Junge sagte: „Wir sind da."

Erstaunt, verwirrt stieg George ab. Er wandte sich von rechts nach links, doch überall sah er nur Sand und nackten gelben Ton, der vom Regen so ausgewaschen war, dass man kaum darauf gehen konnte. Mit einer Art stummen Bitte wandte George sich wieder an den Kutscher, doch der trug bereits das Gepäck ins Haus.

Von dem Bedürfnis getrieben, auch das Schlimmste sofort zu sehen, ging George die Straße hinunter. Sie lag knöcheltief im Staub und musste sich bei Regen in ein Schlammloch verwandeln. Hier und da baten sauber gemalte Schrifttafeln die Vorübergehenden: „Bitte, treten Sie nicht auf den Rasen!" Aber ein Grashalm war nirgends zu sehen. George kam an einer Reihe grob gezimmerter Hütten und gelegentlich auch an größeren Häusern vorüber, von denen eines aus Stein war. Über den Küchenabfällen hinter der Alabama Hall kreisten Geier. Ein Abwassersystem gab es nicht.

Der Junge kam ihm nachgelaufen und rief: „Mr Carver!" Er war ganz außer Atem, als er George endlich eingeholt hatte. „Mr Carver, Dr. Washington erwartet Sie!"

Das Büro des Direktors war ein einfacher, kärglich ausgestatteter Raum, doch er wurde von der strahlenden Persönlichkeit dieses Mannes so ausgefüllt, dass ein Besucher kaum den zerkerbten Tisch und den nackten Fußboden bemerkte. Als Dr. Washington aufstand, um den neuen Lehrer zu begrüßen, schienen seine Schultern breiter zu werden.

„Was halten Sie von unserem College?", fragte er.

„Hier scheint es noch viel Arbeit zu geben", antwortete Carver.

„Ja, richtig. Aber wir haben jetzt den Glauben, dass sie auch wirklich getan wird." Washington lehnte sich ein wenig vor, und seine Augen leuchteten. „Haben Sie Alabama Hall gesehen, das vierstöckige Steinhaus? Können Sie sich vorstellen, was es für einen Schwarzen bedeutet, ein solches Haus zu besitzen? Die meisten unserer Studenten hatten noch nie ein Steinhaus gesehen, und jetzt gehört es ihnen, und sie bauen bereits ein zweites. Aus wahren Löchern, unglaublich unwissend kommen sie zu uns. Wir geben ihnen saubere Betten, lehren sie Handfertigkeiten und glauben, dass nichts ihre Möglichkeiten übersteigt, wenn sie diese erst kennengelernt haben." Er stand auf und sah aus dem Fenster. „Ja, es ist noch viel zu tun", sagte er, „aber wir haben einen Anfang gemacht."

„Sie leisten eine bemerkenswerte Arbeit", sagte George. „Ich hoffe, dass ich Ihnen dabei helfen kann."

Leicht würde es nicht sein. Die neue Abteilung bestand bisher nur auf dem Plan und aus einer Handvoll Studenten. Die Molkerei war in einem Schuppen unter einem Baum untergebracht, und abgesehen von ein paar Werkzeugen und einem altersschwachen Pferd gab es keinerlei Ausrüstung. Der Platz für ein Gebäude der landwirtschaftlichen Abteilung war bereits festgelegt worden, aber vorläufig konnte man dafür nur einen einzigen Raum zur Verfügung stellen; dieser musste George zugleich als Wohnung dienen.

„Es ist wenigstens ein Anfang, und ich werde schon zurechtkommen", versicherte George.

„Ich bete zu Gott, dass es Ihnen gelingt. Es gibt keine wichtigere Arbeit als die, zu der wir Sie gerufen haben."

George ging zum westlichen Rand des Institutsgeländes. Dort sollte der Neubau errichtet werden. Hinter der Anhöhe, auf der er stehen würde, waren zwanzig Morgen kärgliches Land für die Bewirtschaftung vorgesehen. Dahinter lag ein Streifen Nadelwald, den die Studenten aus gutem Grund das Hungerwäldchen nannten. Dort mühten sich rund 30 magere Schweine, genügend Futter zum Überleben zu finden.

George setzte sich auf einen Baumstumpf und blickte auf sein mageres Reich. In Iowa trugen grüne Felder jetzt reiche Ernte. Er musste an sein dortiges Gewächshaus denken, an das Labor, die ausgezeichnete Ausstattung und die großen Viehherden. Um dieses Feld hier zu bestellen, verfügte er nur über eine stumpfe Axt, eine Hacke und ein halbblindes Pferd.

„Genug jetzt!", sagte er laut.

Er nahm eine Handvoll des sandigen Bodens und ließ ihn durch die Finger rieseln. Fast automatisch stellte sein Gehirn fest, dass der Boden Dünger brauchte, während der größere Teil seiner Gedanken sich bereits mit den wichtigsten Problemen beschäftigte. Selbstmitleid konnte hier nicht helfen. Wenn Gott ihm ein leichtes und sorgenfreies Leben zugedacht hätte, überlegte George, dann würde er ihn bestimmt nicht als farbigen Mann erschaffen haben.

Tuskegee! Noch gestern war der bloße Klang dieses Namens voller Verheißung gewesen. Jetzt, da er sich im roten Schimmer der sinkenden Sonne umsah, entdeckte er nur noch eine Herausforderung, eine Not, eine lange Zeit der Prüfung. Hier, nicht in Iowa, entschied sich das Heil seines Volkes.

Er erinnerte sich der Gesichter, die er vom Zug aus gesehen hatte. Wieder sah er die gequälten Augen der Baumwollpflücker, die nichts anderes begehrten als genug zu essen und einen warmen Schlafplatz. 85 Prozent von ihnen hingen davon ab, was sie dem Boden abringen konnten, doch bisher hatten sie weder die Fertigkeit noch die Kraft, sich mehr als das bloße Überleben zu sichern. Was waren seine eigenen Wünsche gegen diesen großen gemeinsamen Hunger? Er stand auf. Er würde hier bleiben und sein Bestes tun. Wieder aufgerichtet und heiter ging er in sein Zimmer zurück. Unterwegs blieb er einmal stehen, pflückte eine Pflanze und studierte sie aufmerksam. Dann sah er ein paar junge Leute vor sich auf der staubigen Straße und beschleunigte den Schritt, um sie einzuholen. „Entschuldigen Sie", sagte er zu ihnen. „Können Sie mir sagen, was das hier für eine Pflanze ist?"

Die fahrbare Schule

Er wollte Schriften zur Förderung der Land-
wirtschaft herausgeben, doch was nützten sie
Farmern, die nicht lesen konnten? So schuf er
ein Nachrichtenblatt von zwanzig Morgen
Größe: die Institutsfarm. Wer zu weit entfernt
wohnte zu kommen und sie zu sehen, konnte
damit rechnen, dass George W. Carver eines
Morgens in seinem Vorgarten stand und sagte:
„Ich heiße Carver und komme vom Institut."
Und dann ging er an die Arbeit.

Thomas M. Campbell

Er war jetzt Doktor Carver, aber wenn er durch die Büsche
kroch oder im zerschlissenen grauen Pullover über den
Acker stapfte, erinnerte er eher an einen Landarbeiter. Als
die Kisten mit seinen Büchern und Geräten eintrafen,
packte er nur sein Mikroskop aus. Sein enges Zimmer bot
nicht einmal genug Platz für seine mykologische Sammlung.

Am nächsten Morgen scharte er seine 13 hungrigen Studenten um sich und eröffnete ihnen, dass sie als erstes ein
Laboratorium bauen mussten. Anschließend führte er sie
zum Abfallhaufen des Instituts und deutete auf ein er-
staunliches Gewirr von Flaschen, verrosteten Töpfen, alten
Deckeln, Pfannengriffen, Draht und Metallstücken. Niemand konnte sich vorstellen, was dieser unberechenbare
Lehrer im Sinn hatte. Immerhin war es verlockender, über
ein Gebirge von Abfällen zu klettern, als zu pflügen und zu
pflanzen. Bald riefen die Studenten ihrem Lehrer zu: „Wie
wär's mit dieser Büchse, Dr. Carver?" Und: „Können wir
diesen Topf brauchen?" Die Antwort lautete nur selten
nein.

Nachdem die Möglichkeiten des Abfallhaufens erschöpft waren, zog die Gruppe durch die Stadt und durchwühlte die Abfälle hinter den Häusern, klopfte an alle Türen und führte eine beharrliche Jagd auf Gummi, alte Kessel und Porzellantöpfe. Dann schleppten sie die kunterbunte Ausbeute zum Institut zurück. 13 skeptische Augenpaare sahen zu, wie Carver ein Rohr prüfte oder eine Flasche begutachtete. Als er die Neugier spürte, legte er die Flasche aus der Hand und deutete auf ein unentwirrbares Knäuel alter Bindfäden. „Das ist die Dummheit", sagte er und langte vom Regal ein säuberlich gewickeltes Knäuel. „Aber das hier ist Intelligenz!" Dann deutete er auf das Gerümpel zu seinen Füßen und erklärte: „Das mag euch alles als bloßer Abfall erscheinen. Aber wartet nur ab, bis wir erst unsere Intelligenz daran erprobt haben! Also, gehen wir an die Arbeit!"

Eine alte Petroleumlampe wurde sorgfältig gesäubert, der Zylinder bis auf einen winzigen Punkt geschwärzt, und schon ergab sich ein starkes Punktlicht für das Mikroskop. Eine Tintenflasche wurde mit einem Korken verschlossen, durch den ein Faden als Docht gezogen wurde, und nun diente sie als brauchbarer Brenner. Eine schwere Teetasse wurde zum Mörser, etikettierte Konservengläser nahmen die Chemikalien auf.

Die Jungen sahen staunend zu und hielten den Einfallsreichtum ihres Lehrers für unbegrenzt, während das Labor allmählich Gestalt annahm. Dieser erste Unterricht war vielleicht der wertvollste. Wenn künftig Absolventen von Tuskegee in entlegene Gegenden hinauszogen, waren sie mit dem Wissen ausgerüstet, dass eine kostspielige und komplizierte Ausrüstung keine Vorbedingung für den Erfolg ist.

Mit solchen Abfällen und Behelfen ging George Carver daran, den Süden zu erneuern. Er begann mit seinen 13 Studenten, und er begann ganz von vorn. „Ich bin nicht da", so sagte er ihnen, „um zu Ihrem persönlichen Gewinn beizutragen. Das ist auch nicht die Aufgabe des Instituts. Vielmehr sollen Sie hier die Fähigkeiten gewinnen, Ihren Brüdern zu helfen. Daran allein wird Ihr Erfolg gemessen und nicht an Ihren Kleidern oder der Höhe Ihres Bankkontos. Nur der Dienst zählt!"

Er belagerte die Verwaltung, bis sie einen Pflug für zwei Pferde beschaffte. Niemand in Tuskegee hatte von einem solchen Gerät jemals etwas gehört. Sobald der Pflug eingetroffen war, schwang er sich selbst darauf und forderte seine Klasse auf, ihm zu folgen. Die wenigen, die beim Anblick des Professors, der hinter zwei Pferden hockte, lächeln wollten, wurden von denen schnell eines Besseren belehrt, die das Laborwunder miterlebt hatten. Und niemand vergaß jemals wieder Georges Aufforderung: „Pflügt tief! Helft den Wurzeln, nach unten zu dringen, wo die gute Erde ist."

Bevor sie den Rahm von der Milch trennen konnten, musste Carver ihnen zeigen, wie man eine Zentrifuge zusammensetzt und reinigt. Anstatt sich mit zungenbrecherischen botanischen Namen aufzuhalten, lehrte er seine Klasse, eine Pflanze genau zu betrachten und zu studieren. „Ihr werdet bald erkennen, warum man von der Kartoffel zunächst einmal wissen muss, dass sie zu der Gattung der Winde gehört."

Für das Wort „ungefähr" hatte er keine Verwendung, und das sagte er auch seinen Studenten. Etwas war entweder gut oder schlecht, brauchbar oder unbrauchbar. „Ihr müsst nicht erst nach Tuskegee kommen, um zu lernen, dass ein Sprung von ungefähr vier Metern über einen fünf Meter breiten Graben nur ein Schlammbad garantiert."

„Redet nicht soviel!", sagte er den Schwätzern. „Man hat noch nie einen Denker mit offenem Mund gesehen." Und oft wiederholte er: „Ihr müsst lernen, gewöhnliche Dinge ungewöhnlich gut zu tun. Wir müssen immer daran denken, dass alles wertvoll ist, was uns helfen kann, die Teller auf dem Mittagstisch zu füllen."

Beständig unterstrich er den Zusammenhang zwischen Boden, Dünger und Ertrag. „Der Boden kann nur so viel Nahrung geben, wie in ihm enthalten ist", sagte er und erstaunte seine Studenten dann mit der Behauptung, es gebe zur Ernährung des Bodens auch andere Möglichkeiten als tierischen Dung.

Zu seinen ersten Studenten gehörte Jacob Jones, der später Rechtsanwalt wurde, die Jahre mit Carver aber niemals vergaß. „Bei ihm lernte ich, dass jedes menschliche Gehirn – also auch das meine – einen unermesslichen Reichtum umschließt, und dass ich ihn freisetzen konnte, wenn ich es nur wirklich wollte."

J. H. Palmer blieb für den Rest seines Lebens als Lehrer in Tuskegee. Tom Campbell wurde als erster Schwarzer leitender Beamter des Landwirtschaftsministeriums. Und Sanford Lee erinnerte sich später an George Carvers Worte, Bücher über Küchengärten, Küken und Blumen seien zwar sehr schön, doch der unmittelbare Umgang mit diesen Dingen lehre viel mehr, weil sie mit der Stimme Gottes sprächen.

So sollte es Klasse um Klasse, Generation um Generation bleiben. Ein Assistent, der fast 40 Jahre später in das Labor des alten Carver kam, sagte einmal, er sei zwar von der Universität Cornell ausgebildet, aber erst von Dr. Carver gebildet worden.

Im Jahre 1896 brachte die Institutsfarm einen Ertrag von fünf Ballen schlechter Baumwolle und 42 Zentnern Kartoffeln. Täglich eine Tasse voll Erdbeeren und zehn Liter Milch von drei Kühen waren alles, was man erwartete. „Man sagte mir, es handele sich um den schlechtesten Boden von Alabama", erzählte Carver, „und ich glaubte es. Aber es war nun einmal der einzige Boden, den ich hatte. Ich konnte entweder darüber weinen, oder ich konnte den Boden verbessern."

Er überredete Washington, von einer Düngemittelfirma einige Zentner Phosphat als Spende zu erbitten, um einen dreijährigen landwirtschaftlichen Versuch durchführen zu können. Es kam zwar ein Antwortbrief, aber kein Dünger. „Wir haben durchaus Verständnis für Sie, wollen aber ganz offen sein. Es gibt nur einen einzigen farbigen Wissenschaftler, der in der Lage wäre, einen solchen Versuch durchzuführen. Er heißt George W. Carver und lebt – unglücklicherweise für Sie – in Iowa."

„Wir haben Carver hier bei uns in Tuskegee", schrieb Washington postwendend zurück. „Er selbst wird die Versuche durchführen." Und innerhalb einer Woche traf der erbetene Dünger ein.

Nun war Carver Tag für Tag mit seinen Jungen unterwegs. Sie teilten die Farm in Sektionen ein. Dabei betonte Carver immer wieder, wie wichtig es sei, genau zu vermessen und die geringste Kleinigkeit zu beachten. „Ihr habt es mit lebenden Dingen zu tun", erinnerte er.

Als das Phosphat in einer dünnen Schicht den Boden bedeckte – die Farm war vom Parlament Alabamas mittlerweile zur landwirtschaftlichen Versuchsstation erklärt worden –, wollten die Studenten sofort etwas pflanzen, doch ihr Professor widersprach. „Bis jetzt haben wir den Boden nur mit Kartoffeln gefüttert", sagte er, „jetzt müssen Fleisch und Gemüse dazukommen." Seine bildhafte Darstellung der Nahrungsbedürfnisse des Bodens vergaßen sie nie wieder. Außerdem konnten die Farmpächter des Südens auch nicht damit rechnen, Düngerspenden zu erhalten. Wenn die Versuchsstation wirklich alle Mühe und Hoffnungen rechtfertigen sollte, durfte sie nur jedem zugängliches Material verwenden. Und der ideale Dünger fand sich auf dem Gelände des Instituts.

Die Studenten hatten es allmählich verlernt, sich über

Dr. Carver zu wundern, doch sie waren ehrlich verblüfft, als er sie eines Tages wieder zu einem Abfallhaufen führte, und zwar diesmal zu einer Grube, die mit Blechbüchsen, Bauschutt, Unkraut und Küchenabfällen gefüllt war. Mitten auf diesem Abfallhaufen wuchsen herrliche Kürbisse. Unabsichtlich und unbemerkt waren Kürbiskerne mit den Abfällen fortgeworfen worden. Sie hatten Wurzeln geschlagen und boten nun einen lebendigen Anschauungsunterricht.

„Es gibt keine bessere Pflanzennahrung als die Dinge, die wir täglich fortwerfen", sagte Carver. Sie zogen in die Wälder und sammelten eimerweise verrottete Blätter. Ein großer Komposthaufen entstand. Über das Laub wurde eine Lage Sandboden gelegt, und darauf kam jeder Küchenabfall, den man auftreiben konnte. Andere Studenten schüttelten die Köpfe, wenn die künftigen Landwirte beim Anblick einiger Unkräuter in Jubel ausbrachen oder eifrig zum Komposthaufen liefen und Gemüseabfälle hintrugen. Im Frühjahr, als alles sich in schwarzen, kräftigen Humus verwandelt hatte, breiteten sie ihn über die 20 Morgen Land aus.

Von Anfang an hatten sie als selbstverständlich angenommen, dass der mühsam fruchtbar gemachte Boden mit Baumwolle bepflanzt werden sollte, und waren sprachlos, als Carver Saubohnen setzen ließ. Ausgerechnet Saubohnen! Hatten sie dafür so hart gearbeitet, um etwas zu ernten, das dann den Schweinen vorgeworfen wurde?

Aber es blieb bei den Bohnen. Die meisten Pflanzen, so erklärte der Lehrer, zögen den lebenswichtigen Stickstoff aus dem Boden, und die Baumwolle sei einer der gierigsten Fresser. Gemüsesorten aber, wie die Saubohnen, könnten den Stickstoff der Luft entnehmen und ihn dem Boden zurückgeben. So würde ein weiteres wichtiges Düngemittel, das sonst siebzehn Cents das Pfund kostete, ganz umsonst gewonnen.

Die Studenten blieben unbeeindruckt. Für was auf Erden sind Saubohnen gut?, murrten sie. Aber nach der ersten Ernte wurden sie überzeugt. Carver hatte die Landwirtschaftsschüler zu einem Festessen geladen, das ihr vielseitiger Lehrer selbst zubereitet hatte. Es gab Pfannkuchen, Kartoffeln und ein köstliches Fleischgericht. Es war eine willkommene Abwechslung vom sonstigen Einerlei. Und als die Mägen gefüllt waren und alle das Essen gelobt hatten, erklärte Carver, dass zur Bereitung eines jeden Gerichtes dieser Mahlzeit eben diese geschmähten Bohnen mitverwendet wurden.

Am Ende des ersten Jahres hatte die Farm, nachdem sie die Küche bis in den November hinein beliefert hatte, einen Ertrag von vier Dollar je Morgen eingebracht. Um die Nützlichkeit des Fruchtwechsels zu zeigen, ließ Carver seine Studenten im Frühjahr Kartoffeln pflanzen. Gleichzeitig unternahm er Versuche mit der Sojabohne, die bis dahin in Amerika fast unbekannt war, und auch mit einer seltsamen kleinen Pflanze, die er in der Umgebung entdeckt hatte, und die etwas hervorbrachte, das man Erdnüsse nannte. Sie waren nichts wert, und nur wenige Farmer bauten sie an, weil die Kinder gern die Schalen knackten und die Nüsse aßen.

Die Ernte des zweiten Jahres betrug 80 Zentner Kartoffeln je Morgen. Das war mehr als das Sechsfache der üblichen Ernte. Und als Carver endlich Baumwolle anbaute, kamen schwarze und weiße Farmer, um sich die kräftigen Pflanzen anzusehen, von denen manche bis zu 275 große Samenkapseln trugen. Die geradezu unglaubliche Ernte betrug 500 Pfund pro Morgen. Ein solcher Ertrag war in diesem Teil des Landes noch nie erzielt worden. Studenten und Farmer waren gleichermaßen verblüfft. Wie konnte ein Mann aus dem Norden, der Baumwolle überhaupt erst als erwachsener Mann kennengelernt hatte, die übertreffen, die sich ihr Leben lang damit beschäftigt hatten? Carvers Antwort blieb stets unverändert: „Eine Pflanze braucht gewisse Dinge, und der Boden hat gewisse Dinge zu geben. Die Aufgabe des Farmers besteht darin, zwischen ihnen das rechte Verhältnis zu schaffen."

1897 waren aus den anfänglich 13 Studenten 76 geworden, und sie blieben auch jetzt noch die regsamste Arbeitsgruppe des College. Neben den Vorlesungen musste tagaus, tagein die Farmarbeit getan werden. Zäune mussten gebaut und geflickt werden, das Vieh war zu versorgen, Saat und Ernte verlangten Mühe. Aber noch beschäftigter als seine Studenten war ihr Lehrer. Es waren die Wachstumsjahre von Tuskegee. Die Institute mussten dem Zustrom neuer Studenten und neuer Ideen angepasst werden. Aufgaben, die nicht klar unter die Zuständigkeit eines bestimmten Instituts fielen, wurden dem landwirtschaftlichen übertragen. „Können Sie sich darum kümmern?", schrieb Dr. Washington regelmäßig, und Carver zeichnete den Entwurf eines neuen Landwirtschaftsgebäudes, untersuchte Wasser, maß die Niederschläge und sandte täglich Berichte an die Wetterstation in Montgomery. Er lehnte keine Aufgabe ab, sondern widmete sich selbst der geringsten, als sei sie die wichtigste Arbeit der Welt. Andere Schwierigkeiten beunruhigten ihn. Dazu gehörte einmal die räumliche Beengtheit, in der er wohnen und arbeiten musste, zum anderen aber auch die störende Einmischung der Verwaltung, zu der auch Washingtons Bruder John gehörte. Ihre Ansichten waren engstirnig, und dem Wissenschaftler aus dem Norden standen sie vom ersten Tage an skeptisch gegenüber. „Wir brauchen keinen Wissenschaftler, sondern Fachleute", beklagte sich John bei seinem Bruder. Carvers Gedanken über die Landwirtschaft hielten sie für verfrüht, und sie behinderten ihn, wo sie nur konnten. Endlich schrieben sie ihm sogar einen Anbauplan vor und ließen wichtige Bestellungen unter den Tisch fallen, wenn sie nicht in ihre Vorstellungen passten.

Carver schrieb in einem seiner Berichte an den Direktor: „Ich habe nicht einmal genug Platz, um meine Sachen auszupacken. Ich bitte Sie dringend darum, mir diesen Platz zu verschaffen. Dabei geht es nicht um meine Person, sondern vor allem um meine Arbeit. Gegenwärtig ist mein Zimmer voller Mäuse. Sie dringen in die Kisten ein, und ich fürchte, dass sie erheblichen Schaden anrichten. Wenn ich bei Ihnen arbeite, sollten Sie es so einrichten, dass ich Ihnen so nützlich wie möglich sein kann. Kürzlich brauchte ich eine medizinische Zeitschrift, um über die Behandlung eines kranken Tieres nachzulesen. Sie war in einer Kiste, und ich konnte nicht heran. Ich habe selbstverständlich nichts dagegen, wenn Ihre Mitarbeiter im Büro meine Versuche verspotten. Sie werden jedoch sicher einsehen, dass ich sie nicht entscheiden lassen kann, was getan werden soll. Ich wäre Ihnen dankbar, wenn Sie ihnen das sagen wollten."

Fast augenblicklich wurden beide Forderungen erfüllt. Ein zweiter Raum wurde für Carvers Labor gefunden, und die Einmischungen aus dem Büro hörten auf. Dr. Washington betrachtete George Carver nicht nur als eine Schlüsselfigur für das Experiment Tuskegee, sondern es war ihm auch klar, dass Carvers verblüffender Verstand immer wieder Ersparnisse ermöglichte und zahlreiche Probleme auch außerhalb des landwirtschaftlichen Bereichs löste.

Einmal klagte der Direktor über die Unkosten, die für die Vertilgung von Ungeziefer in den Schlafräumen entstanden. Das Mittel, das in erheblichen Mengen verbraucht wurde, kostete einen Dollar fünfundfünfzig je Kanister. Carver unternahm einige Versuche und sagte dann: „Ich kann das Mittel für 55 Cents herstellen. Der Unterschied liegt darin, dass ich die Duftstoffe fortlasse, die sehr kostspielig sind. Aber mein Mittel tötet das Ungeziefer so gut wie das andere." Und das tat es auch.

Das Institutsgelände war stets baumlos und nüchtern gewesen. Bei feierlichen Anlässen wurden Zweige in die Erde gesteckt, um den Anblick ein wenig zu verschönern. Einmal fragte der Direktor seinen Lehrer, ob er dem Gelände nicht ein schöneres Gesicht geben könne. Carver ließ sich das nicht zweimal sagen. Er pflanzte Bäume und Büsche, er planierte und legte Terrassen an. Überall entstanden Blumenbeete, und bald hatte sich die kahle Anlage in einen Naturpark verwandelt.

Ein Punkt forderte seine Erfindungsgabe besonders heraus. Wie sorgfältig er auch die Wege anlegte, die Studenten gingen doch querfeldein und zertraten das junge Bermudagras. Endlich wollte Carver sich nicht mehr auf Hinweisschilder verlassen, die ohnehin niemand beachtete. Er überlegte und fand eine Lösung.

„Wie haben Sie das geschafft?", fragte Washington, als die beiden Männer auf einer Anhöhe standen und das wachsende Grün betrachteten. „Ich habe mir gedacht, dass Menschen immer den natürlichen Weg gehen", antwortete Carver, „wie sehr man auch versucht, ihnen einen anderen zu empfehlen. So hab' ich mir ein paar Tage lang diese natürlichen Wege angesehen und ihnen dann meine Wege unter die Füße gelegt."

Seine Arbeitsweise blieb erstaunlich. Unaufhörlich schaffte er in seinem überfüllten Labor, prüfte, experimentierte, studierte Böden, Pilze, Insekten. Was unter sein Mikroskop kam, wurde sorgfältig präpariert und registriert. Ein Student, der Carvers Labor reinigte, erzählte, dass Carver ihn eines Tages zurückhielt, als er einen Topf mit tonhaltigem Boden forttragen wollte. „Aber Sie haben den Boden doch schon untersucht", wandte der Student ein. „Wozu brauchen Sie ihn noch?"

„Sieh ihn dir an, mein Junge", sagte Carver. „Was siehst

du?" „Dreck! Einfachen Dreck!" Der Student hatte solchen Boden sein Leben lang gesehen und fand ihn nicht sonderlich aufregend.

„Und die Farben?", fragte Carver weiter. „Hast du sonst schon irgendwo ein so leuchtendes Rot und Gelb gesehen? Wenn man dem Boden diese Farben entziehen könnte."

Der Student sah den Lehrer an, als hätte der eben den Verstand verloren. „Aber man kann es nicht", sagte er nachsichtig wie zu einem Kind. „Die Farben gehören eben zu dem Dreck ..."

Carver erwiderte: „Das weiß ich noch nicht. Darüber muss ich noch mit Gott sprechen. Jedenfalls wirf nichts fort!"

Seine Studenten staunten immer wieder über seine Fähigkeit, jede Pflanze und jedes Lebewesen sofort zu erkennen, und sie hofften immer, ihn bei Gelegenheit doch auf den Leim führen zu können. Eines Tages fabrizierten sie eine Kreatur mit dem Leib eines Käfers, dem Kopf einer Riesenameise und den Beinen einer Spinne. Mühsam unterdrückten sie ein vorzeitiges Triumphgeheul, als sie das Geschöpf auf Carvers Pult legten und fragten: „Das haben wir in der Scheune gefunden. Was ist das wohl für ein Käfer (engl. bug)?" Aber er hatte die Lacher auf seiner Seite, als er nach einem kurzen Blick erklärte: „Das ist ein sogenannter Humbug, und zwar ein ausgesprochenes Prachtexemplar."

Niemals vergaß Carver seine ersten Abschlussprüfungen in Tuskegee. Hunderte von Eltern und Verwandten kamen in Kutschen, zu Pferde oder zu Fuß, besahen das Institutsgelände und stellten ihre schüchternen Fragen. Staunend betrachteten sie alle Arbeitsräume und Schlafsäle. Für sie war diese Schule die Erfüllung ihrer Träume und Hoffnungen. Entgegen dem üblichen Brauch sprach Dr. Washington mit keinem Ton von dem Erreichten. „Geht wieder dorthin zurück, woher ihr gekommen seid", sagte er den stolzen Absolventen, „aber verschwendet eure Zeit nicht damit, eine gut bezahlte Stellung zu suchen. Wenn ihr keinen Lohn bekommen könnt, dann bittet darum, umsonst arbeiten zu dürfen."

Dr. Carver schrieb in diesem Sommer eine Abhandlung über die Pilzwelt Alabamas und steuerte mehr als 100 Abarten bei für eine Gräsersammlung, die vom Landwirtschaftsministerium zusammengestellt wurde. Im Juli fuhr er selbst nach Washington, um mit dem medizinischen Kongress an einer Untersuchung über Heilpflanzen in den Vereinigten Staaten zu arbeiten. Viele der seit Generationen erprobten pflanzlichen Drogen waren selten geworden. Jetzt versuchte man, sie zu katalogisieren und zugleich auch alle anderen Heilpflanzen. Carver schlug Dutzende vor. Viele davon waren nie zuvor erprobt worden, und von einigen hatte man noch nie etwas gehört. In den nachfolgenden Versuchen erwiesen fast alle ihren Heilwert.

In der Hauptstadt suchte Carver auch seinen alten Professor Wilson auf, der kürzlich zum Landwirtschaftsminister ernannt worden war. Als Wilson beim Abschied fragte, ob er irgendetwas für seinen ehemaligen Schüler tun könne, entgegnete Carver: „Für Tuskegee ist nichts so wichtig wie Ihre Unterstützung der dortigen Arbeit. Am deutlichsten können Sie diese Unterstützung zeigen, wenn Sie das College demnächst besuchen. Könnten Sie vielleicht im Herbst kommen und unser neues Landwirtschaftsgebäude einweihen?"

„Sie können fest mit meinem Besuch rechnen", sagte Wilson.

Es wurde der größte Feiertag in der fünfzehnjährigen Geschichte des Instituts. Nie zuvor hatte die Bundesregierung offiziell vom Bestehen der neuen Lehranstalt Kenntnis genommen. Nie hatte ein so hoher Würdenträger ihr Gelände betreten. Zwei Gouverneure, ein Dutzend Bürgermeister, Richter, Lehrer, Reporter und Geistliche gehörten zu den 5000 Besuchern, die gekommen waren, um Minister Wilson zu hören. „Selbstverständlich weiß ich, dass das Studium der Landwirtschaft nicht in Tuskegee erfunden wurde", schloss er, „doch ganz gewiss beginnt es hier auf eine neue Weise." Und er sah bei diesen Worten George W. Carver an.

Seine Arbeit wurde nun auch auf eine neue Weise gefördert. Es gehörte zu Carvers Gewohnheiten, sich sonntags abends an das alte Klavier in der Alabama Hall zu setzen. Beim Spiel erholte er sich. Es gab ihm Kraft für die Mühen der nächsten Tage und die Schwierigkeiten der kommenden Jahre, indem er sich ganz in die Musik verlor. Während er spielte, erinnerte er sich an Gesichter und Stimmen von gestern – an Tante Susan, an Mariah Watkins, an Mrs Payne, an Mrs Milholland. Sie alle hatten ihm auf seinem Weg vorangeholfen. Er fragte sich, ob sie jetzt stolz auf ihn wären. Was würden sie denken, wenn sie ihn in abgetragener Kleidung in dieser armseligen Schule hinter dem Pflug hergehen sähen, wenn sie erlebten, wie er sich mühte, kargen Boden fruchtbar zu machen und in den Köpfen junger Leute ein erstes Licht anzuzünden?

Bald stellten sich Studenten und Lehrer zu den sonntäglichen Konzerten ein. Sie standen schweigend herum oder saßen auf dem Fußboden, und Carver spielte, als sei er ganz allein auf der Welt. Wenn die Nachtglocke läutete, blieben manche noch für ein paar Worte bei Carver stehen. Und an einem Frühlingsabend sagte Warren Logan, der Schatzmeister des Instituts: „Sie sollten eine Konzertreise unternehmen."

Carver lachte: „Ich bin Lehrer, nicht Pianist."

„Dr. Washington ist Direktor, nicht Volksredner", beharrte Logan. „Aber er redet überall im Lande, um Geld für die Schule zu beschaffen."

Das stimmte. Ohne Washingtons begeisternde Reden in

allen großen Städten des Landes wäre das College schon bald gezwungen gewesen, seine Tore zu schließen und die Studenten heimzuschicken. Einige Augenblicke standen sich die beiden Männer gegenüber, und Carver dachte, wie er mit etwas Geld zwölf oder fünfzehn Morgen mehr Ackerland kaufen und auch den Viehbestand vergrößern könnte. Vielleicht ließ sich sogar ein neuer Stall bauen.

„Können Sie eine solche Reise für den Sommer arrangieren?", fragte er dann.

Logan lächelte. „Sie ist schon halb fertig."

Auf den Plakaten stand nur: „Professor Carver vom Tuskegee-Institut gibt ein Konzert." Sie wurden in den Rathäusern, Kirchen für Farbige und Schulen für Weiße der größeren Städte Alabamas, Georgias, Louisianas und Texas' angeschlagen. Irgendwie wurde sogar das Geld aufgetrieben, um für den musikalischen Lehrer einen eleganten Abendanzug zu kaufen. „Das erwartet man einfach von Ihnen", behauptete Logan.

Am 8. Juli 1899 brach George Carver auf. Er reiste bei Tage und spielte am Abend in Konzertsälen und Privatwohnungen und manchmal auch in Scheunen, er spielte auf Konzertflügeln, zerhämmerten Wirtshausklavieren und sogar auf einer Orgel. In einer texanischen Stadt gab es Missverständnisse wegen seiner Hautfarbe; er wurde ausgebuht, ehe er noch die erste Note gespielt hatte. Aber in einer Schule in Georgia kam ein weißes Ehepaar nach dem Konzert mit Tränen in den Augen zu ihm und sagte, sie hätten beide niemals etwas so Bewegendes gehört. Abend für Abend zählte er in dürftigen Hotelzimmern oder in Eisenbahnabteilen seine Cents und Dollars. Als er fünf Wochen später nach Tuskegee zurückkehrte, brachte er 350 Dollar mit. Jahrelang hing der Abendanzug dann im Schrank und wurde nicht mehr getragen. Wenn hin und wieder jemand danach fragte, lachte Carver und sagte: „Oh, er gehört noch zu meiner Pianistenzeit."

Wieder hatte er die verfallenen Hütten und die harte Fron seines Volkes mit eigenen Augen gesehen. Überall begegnete er hungernden, heruntergekommenen Schwarzen, die oft zu zehnt und mehr in einem einzigen Raum hausten, und endlose Baumwollfelder, deren Samenkapseln wertvoller waren als Menschen, dehnten sich vor ihren Hütten. Carver war tief betroffen vom hoffnungslosen Ausdruck ihrer Gesichter. Ihre kurze Zeit auf Erden und auch die Zeit ihrer Kinder und Enkel schien allein von Feindseligkeit und Not bestimmt.

Aber es musste nicht so sein! Wenn überall im Institut die Lichter gelöscht waren, saß Carver noch an seinem Schreibtisch und dachte über die schreckliche Ironie nach, dass in einem Lande Not herrschte, dessen Fruchtbarkeit und Ertragreichtum weithin bekannt gewesen waren. Jetzt war sein Boden ausgelaugt und verbraucht, aber er konnte wieder gut werden. Die Herrschaft des Königs Baumwolle musste gebrochen werden. Dann würde es reichlich und gute Nahrung für alle geben und Selbstachtung und eine Zukunft für die Kinder, wenn es nur gelang, es den Menschen zu beweisen.

Das Institut war ein kleiner Anfang. Am dritten Dienstag eines Monats kamen Farmer aus der Umgebung. Zuerst waren es nur wenige, die verlegen das neue Landwirtschaftsgebäude betraten. Die Veranstaltung begann mit einem gemeinsamen Lied. Dann sprach Carver – solange er die Aufmerksamkeit seiner Zuhörer fesseln konnte – über den Boden, wie die Baumwolle ihn arm gemacht und wie Stroh, faulende Blätter und Küchenabfälle ihn wieder anreicherten, wie alle Pflanzen sich unterschiedlich ernährten. Und er betonte immer wieder, dass ein Acker, der Jahr für Jahr dieselbe Frucht trage, niemals Gelegenheit zum Ausruhen habe.

Er drängte die Bauern, ein kleines Stück Land als Küchengarten zu bebauen. Frisches Gemüse, das nur wenige Cents für Setzlinge oder Samen kostete, konnte die Vorherrschaft des ewigen Einerleis von Fleisch, Mehl und Melasse brechen, jener seit Generationen selbstverständlichen Diät, die Vitaminarmut zum ungebetenen und tödlichen Gast in jedem Haus werden ließ. Dann zerschnitt Carver eine große, reife Tomate, die damals allgemein als giftig angesehen wurde, und aß sie zum Entsetzen seiner Zuschauer mit offensichtlichem Wohlbehagen. „Beachten Sie bitte, dass ich nicht gestorben bin", fuhr er fort und erklärte, die Tomaten seien ein wirksamer Schutz gegen Skorbut.

Er führte die Farmer auf die Versuchsfelder hinaus. Dort sahen sie lebende Beweise für seine Worte; große Kohlköpfe und Zwiebeln, feine, saftige Beutelmelonen und Wassermelonen und herrliche Kartoffeln. Der Ertrag je Morgen hatte sich inzwischen auf 75 Dollar gesteigert. Carver zeigte den Farmern, wie die Bohnen den Boden angereichert hatten. „Es würde 25 Dollar je Morgen kosten, wenn man den Dünger kaufen wollte, den die Bohnen umsonst liefern", lehrte er und zeigte, wie die Wurzeln den Boden auflockerten, um Wasser und Luft eindringen zu lassen. Den Zuhörern, die lesen konnten, schrieb er die Rezepte zu 18 verschiedenen Gerichten auf, die man aus den Bohnen herstellen konnte. Denjenigen, die nicht lesen gelernt hatten, las er die Rezepte so oft vor, bis sie sagten: „Ja, jetzt haben wir's begriffen, Professor." Aus der anfänglichen Handvoll wurden bald 50 und mehr Farmer, die jedesmal kamen. Wer merkte, dass sein Nachbar plötzlich größere Melonen und bessere Baumwolle erntete, wollte den Grund dafür erfahren und kam bei der nächsten Gelegenheit ebenfalls nach Tuskegee. Manche Männer brachten Frauen und Kinder mit, und wenn der Unterricht vorüber war, lagerten alle auf dem gepflegten Rasen, genossen die schmackhaften Mahlzeiten, die Studenten für sie bereitet hatten, und sangen die wehmütigen Melodien ihrer bedrängten Vergangenheit.

Aber es waren doch zu wenige. Draußen, wo die Straßen endeten, in den Dickichten und Sümpfen, wohnten Tausende von Schwarzenfamilien, die noch nicht einmal von Tuskegee gehört hatten. Sie alle lebten wie ihre Vorfahren am Rande des Verhungerns. Carver hatte sie gesehen. Nun war er entschlossen, auch sie irgendwie zu erreichen. Es genügte nicht, hinzugehen und ihnen zu sagen, was sie tun sollten. Er musste es ihnen zeigen.

Irgendwo trieb er Wagen und Maulesel auf. Mit Sämereien, die der Landwirtschaftsminister gestiftet hatte, ein paar Werkzeugen und einigen Demonstrationspflanzen fuhr er Freitag abends nach dem Unterricht in die Umgebung. Die erste fahrbare Schule war entstanden. In den folgenden Jahren wurde ein eigenes Fahrzeug dafür gebaut, später ein Lastwagen angeschafft. Die Idee breitete sich im Süden schnell aus, und bald waren ein Dutzend solcher Schulen unterwegs und brachten den Ärmsten die hoffnungsvolle Botschaft, ihr Leben könne besser und sinnvoller werden. Aber keiner der gut ausgestatteten und chromblitzenden Lastwagen war so wichtig wie George Carvers klappernder Leiterwagen, mit dem er an jenem Freitag des Jahres 1899 erstmals losfuhr.

Er bildete sich nicht ein, den Leuten die Baumwolle ausreden zu können. Er konnte ihnen sagen, dass sie ihren Boden verdarb und sie in Elend hielt, doch sie fragten dagegen, womit sie sonst ihre Schulden bezahlen sollten. Auch der Vorschlag, wenigstens einem Teil des Bodens Ruhe zu gönnen, traf auf Widerstand. „Erinnert ihr euch, wie viel dichter die Baumwolle stand, als ihr noch Kinder wart?", fragte er. „Seht sie euch jetzt an! Von der ganzen Farm werdet ihr kaum sechs Ballen ernten ... Der Boden ist müde wie ein Mann, der jahrelang zu schwer gearbeitet hat. Er braucht Ruhe."

Und sie sahen vor sich hin und einer sagte: „Ich weiß, dass der Boden müde ist, Professor. Wir wissen es alle. Aber was soll aus unseren Kindern werden, wenn wir ihm Zeit zum Ausruhen geben?"

Er reichte Kartoffeln von den Versuchsfeldern herum. „Baut davon zehn Morgen an, und ihr werdet das ganze Jahr über zu essen haben und könnt obendrein noch eure Schweine füttern. Zweimal jährlich könnt ihr sie ernten und fügt dem Boden damit immer noch geringeren Schaden zu als mit einer einzigen Baumwollernte. Und wenn ihr dann in drei Jahren wieder Baumwolle anpflanzt, werden dieselben Morgen mindestens den fünffachen Ertrag bringen."

Sie hörten lustlos zu und versprachen nichts. Zu dieser Zeit glaubten die meisten Farmer noch an „Zeichen", und der seltsame Rat dieses Lehrers verstieß gegen alle bisherigen Gewohnheiten. „Eure Küken sind krank, weil keine Sonne in den Stall dringt und die Feuchtigkeit trocknet", sagte er ihnen.

„Nein, Professor", lautete die Antwort, „sie sind krank, weil die braune Henne bei Vollmond unterwegs war und sie verhext hat."

Er reiste und redete und lehrte. Jedes Wochenende, jeden Augenblick, den er erübrigen konnte, fuhr er mit dem Wagen durch Macon County, suchte entlegen wohnende Farmer auf, sprach zu Gruppen auf den Märkten und an den Straßenecken. Er sprach mit Männern, die ihn verständnislos anstarrten und auch gar nicht verstehen wollten, und mit anderen, die ihn offen verspotteten: „Wieso wollen Sie klüger sein als wir? Sie sind genauso schwarz!"

Aber es gab andere, die wirklich zuhörten, und manche, die sogar Fragen stellten. Einige lernten jedes Wort auswendig, das er ihnen sagte, weil sie die von ihm mitgebrachten Papiere nicht lesen konnten. Er zeigte ihnen die großen Kohlköpfe und die prächtigen Zwiebeln von seinen

Versuchsfeldern. „Das hier ernten wir auf zwanzig Morgen des schlechtesten Bodens von Alabama!" Und er lehrte die Frauen, Bohnen zu kochen. Allmählich schienen alle den Sinn dessen zu begreifen, was er ihnen sagte.

„Sind Sie der Lehrer?", fragte ein alter Mann, der gekommen war, um Carver zu sehen. „Meine Frau und ich wären stolz, wenn Sie bei uns übernachten wollten!"

Er schlief in ihren Hütten, zumeist auf einem gesäuberten Fleckchen Fußboden, und aß an ihren Tischen. Dabei steuerte er immer selbst frisches Gemüse und bisweilen auch das Fleisch bei. Sie fürchteten, er könnte herablassend und befehlerisch sein, wie es einem so gebildeten Manne zukam; doch er sprach ganz einfach und schlicht, und so waren sie bald beruhigt. Sie mochten ihn, weil er gut zuhörte, und während der langen Gespräche nahmen sie vieles von seinen Lehren auf. Das geschah manchmal auf unerwartete Weise. Eines Morgens sah der Sohn seines Gastgebers, wie er sich die Zähne putzte. Er glaubte, der Lehrer habe einen Anfall erlitten und deswegen Schaum vor dem Mund. Schreiend lief er weg, um Hilfe zu holen. Carver brauchte einige Zeit, um ihn zu überzeugen, dass ihm wirklich nichts fehlte. Da er nicht leicht eine Gelegenheit zur Belehrung ausließ, erklärte er dem Jungen sogleich die Vorzüge des Zähneputzens und schenkte ihm eine Zahnbürste. Von nun an belohnte der Junge George Carver bei jedem Zusammentreffen mit einem blitzend weißen Lächeln.

Wo die Bauern nach alter Gewohnheit Unkraut und vorjährige Stoppeln abbrannten, erklärte er ihnen, sie könnten ebensogut gleich Dollarscheine verbrennen. „Pflügt alles unter", riet er. „Das macht zwar ein bisschen mehr Arbeit, aber im nächsten Jahr könnt ihr dafür die Dollars in die Taschen stecken." Wo der Regen die obere Bodenschicht fortspülte, drängte er die Farmer, etwas dagegen zu unternehmen. „Pflanzt Erdnüsse!" riet er. „Die sind gut für eure Kinder und für euren Boden."

Er drängte sie, an jedem Arbeitstag fünf Cents zu sparen. Am Jahresende hätten sie dann fünfzehn Dollar fünfundsechzig. Dafür könnten sie drei Morgen Land kaufen und hätten noch 65 Cents übrig. Es gab keine andere Möglichkeit, der Vorherrschaft der Landeigner allmählich zu entgehen. Insgeheim lächelten die Männer darüber. Die Samstagsfreuden in der Stadt lockten schließlich die ganze Woche. Einen ihrer Nachbarn nannten sie den verrückten Chauncey, weil er den Rat des Lehrers gewissenhaft befolgte. Aber dann war ein Jahr vergangen, und der verrückte Chauncey kaufte drei Morgen Land und war plötzlich Mister Chauncey geworden, und in ganz Macon County wurden plötzlich Münzen in Töpfen, Büchsen und hohlen Baumstümpfen gehortet.

Langsam und beharrlich veränderte Carver die Essgewohnheiten des Südens. Obwohl Schweine meist schon im Sommer wohlgenährt waren, wurden sie doch niemals vor dem ersten Frost geschlachtet, bis der Professor den Farmern zeigte, wie man das Fleisch behandeln musste, damit es auch beim heißesten Wetter nicht verdarb. Noch ehe die Wissenschaft den Wert roher Früchte gegen Krankheiten durch falsche Ernährung erkannt hatte, warb Carver überall dafür, wilde Pflaumen und Äpfel zum Bestandteil der täglichen Kost zu machen.

Aber auch wenn er die Farmer überzeugt hatte, einen Gemüsegarten anzulegen, war erst die halbe Arbeit geleistet. Die Frauen wussten nicht, was sie mit den Erträgen anfangen sollten. So zeigte ihnen George Carver geduldig die Zubereitung von Kartoffeln und Gemüse. Immer wieder erinnerte er die Menschen daran, dass ein Gemüsegarten dazu beiträgt, die Speisekammer das ganze Jahr über gefüllt zu halten. Er brachte ihnen Büchsen und Gläser zum

Einkochen mit und zeigte ihnen, wie in der Sonne getrocknetes Gemüse sich monatelang hält.

Verschwendung war ein furchtbarer Feind in Garten und Küche. Carver quälte das Missverhältnis zwischen der Not seiner Brüder und der Sorglosigkeit, mit der sie naheliegende Hilfe verschmähten. Sie warfen so viel Fett fort, dass damit der Seifenvorrat der Familie für das ganze Jahr hätte gedeckt werden können. Waren Kartoffeln nicht mehr essbar, so konnten sie doch in wertvolle Stärke verwandelt werden. Er gab den Menschen Stiefmütterchensamen und Azaleenpflanzen und sagte ihnen: „Pflanzt sie in eure Vorgärten. Blumen sind stumme Boten Gottes."

Im Frühjahr 1899 war ein junger Mann nach Tuskegee gekommen, der unter Carvers Leitung die fahrbare Schule ausbauen sollte. Thomas M. Campbell war aus seinem Elternhaus fortgelaufen und 200 Meilen weit nach Tuskegee getrampt, obgleich sein älterer Bruder ihn vor einer Epidemie der Pocken im Institut gewarnt hatte. „Die Pocken kümmern mich nicht", hatte Tom mit unwissender Sorglosigkeit geantwortet. „Sie sind ja nur klein." Er kam gerade noch rechtzeitig in Tuskegee an, um die letzten Worte mit seinem von der Krankheit befallenen Bruder wechseln zu können.

„Ich will hier begraben werden", hatte der sterbende Willie Campbell gesagt, „und du bleibst hier. Und wenn du dir eine Arbeit vornimmst, dann sorge dafür, dass kein Mensch sie besser tun kann als du."

Traurig und verloren durchstreifte Tom das Gelände des Instituts. Dabei stieß er zufällig an den Versuchsfeldern auf einen hochgewachsenen Mann mit traurigen Augen, der einen fadenscheinigen grauen Pullover trug. Sie unterhielten sich, bis die Sonne unterging. George Carver ermutigte den Jungen zu bleiben. Es werde sich schon eine Möglichkeit finden, dass er sein Schulgeld abarbeite.

„Was möchtest du denn gern lernen?", fragte Carver. „Landwirtschaft vielleicht?"

„Nein!" Sein Leben lang hatte Tom Campbell die farbigen Brüder auf den Baumwollfeldern leiden sehen. Aber der Bruder hatte hier sein Handwerk erlernt, und jenseits des Hügels arbeiteten Schwarze in Sägemühlen und Schreinereien. Er hatte ihnen neidisch zugesehen, und jetzt war er entschlossen, ein Handwerk zu erlernen.

„Ich verstehe", sagte Dr. Carver nachdenklich. Aber er hatte diesen jungen Burschen noch nicht aufgegeben, der ihm vom ersten Augenblick an gefiel. An guten Schülern für seine Klassen mangelte es stets. Die jungen Leute scheuten vor allem zurück, was sie für Sklavenarbeit hielten, die sie ja schon immer gekannt hatten. Und dieser eine – so meinte Carver – konnte wirklich ausnehmend gut werden. Ganz beiläufig fragte er: „Wie wäre es denn mit der Agrikultur? Könnte dir das gefallen?"

Tom prüfte das bizarre Wort mit der Zunge. „Agrikultur?", wiederholte er, darauf bedacht, seine Unwissenheit zu verbergen. „Ja, genau das möchte ich lernen", sagte er dann.

Und so waren die Würfel gefallen. Tom Campbell sollte seine Entscheidung niemals bereuen, denn Agrikultur, wie Dr. Carver sie lehrte, hatte nichts mit der vertrauten Landarbeit zu tun. Und Carver hatte durchaus richtig gespürt, dass Tom nicht nur das Wie und Was schnell begriff, sondern vor allem auch das viel wichtigere Warum. Bald fuhren der schmächtige Lehrer und der stämmige junge Mann gemeinsam über Land, stapften an jedem Wochenende durch entlegene Gegenden und erweiterten allmählich den Bereich der fahrbaren Schule.

Der erste Wagen war nur mit einem Pflug und ein paar kleineren Werkzeugen ausgerüstet. Jetzt fuhr auf einem dreiachsigen und gedeckten Wagen, den Carver eigens entworfen hatte, sogar eine Kuh mit, an der das Melken demonstriert wurde. Bei jedem Aufenthalt wurde die Arbeitsweise einer Zentrifuge erklärt. Freilich würde es einige Zeit dauern, ehe die Leute an eine eigene Kuh oder gar eine Zentrifuge denken konnten, doch Dr. Carver war davon überzeugt, dass jeder Mensch ein lohnendes Ziel haben müsse. „Unsere Aufgabe ist es, den Wunsch nach einer Kuh zu wecken", erklärte er Tom, „und ihre Aufgabe ist es dann, sich diese Kuh auch zu verdienen." Inzwischen führte er auch zwei Schweine mit, um an ihnen die unterschiedlichen Rassenmerkmale zeigen zu können. Bald schon setzte sich eine besondere Zucht durch.

Einen Platz gab es, an dem der Wanderlehrer stets einen interessierten Zuhörerkreis versammeln konnte: den Platz vor der Kirche an den Sonntagvormittagen. Carver und Tom nahmen am Gottesdienst teil; wenn er aber zu Ende war, liefen die beiden eilends hinaus an ihren Wagen. Sobald sich die Menge zusammendrängte, begannen die Vorführungen.

Allerdings gab es manchmal Schwierigkeiten. Unter den Landpfarrern gab es einige, die auf ihr Amt sehr unzulänglich vorbereitet waren. Sie hatten kein Verständnis für die wirtschaftlichen und sozialen Nöte ihrer Gemeinden. Sie entließen die Gottesdienstbesucher mit der Mahnung, den Sonntag in Gebet und Andacht zu verbringen. Einer von ihnen schloss seine Predigt einmal mit den Worten: „Ich sehe den Wagen von Tuskegee vor der Tür und muss euch sagen, dass wir uns nicht mit weltlichen Dingen beschäftigen dürfen, wenn es darum geht, unsere Seelen zu retten."

Andere Diener Gottes waren weitsichtiger. Pfarrer Owens war von Dr. Carver eingeladen worden, einige Tage bei der fahrbaren Schule zu verbringen, und er schrieb an seine Frau: „Um acht Uhr trug jedermann Arbeitskleidung. Eine Gruppe planierte den Boden, eine andere lernte eine Wand kalken, wieder andere nahmen an Lehrgängen im

Teppichknüpfen, in der Hühnerzucht oder in der Krankenpflege teil. Ich lieh mir einen Arbeitsanzug und lernte selbst einiges hinzu."

Als der Tuskegee-Wagen in Macon County bekannt war, begannen Carver und sein eifriger Helfer, an den Samstagnachmittagen auf den Marktplätzen größere Gruppen um sich zu sammeln. Anfangs war den weißen Farmern nicht ganz wohl dabei, und manchmal sprengten sie gewaltsam solche Versammlungen. „Aufsässige Nigger können wir hier nicht brauchen!", sagten sie und meinten damit, dass weiße Farmer sich nicht von schwarzen in ihren Leistungen und Erträgen übertreffen lassen dürften.

Carver wusste, dass derjenige, der einen Menschen in Not hält, sie schließlich mit ihm teilen muss. Es dauerte gar nicht lange, bis die weißen Farmer ihr Murren aufgaben und sich ebenfalls herandrängten und zuhörten, was der „Niggerlehrer" zu sagen hatte. Carver war dankbar dafür. Schwarze und Weiße hatten im Süden dieselben Probleme und Nöte. Je mehr Menschen, schwarzen oder weißen, er etwas von seinem Wissen vermittelte, desto schneller konnten die Zustände sich bessern.

Jedem bot er seine Zauberformel an: „Fangt dort an, wo ihr jetzt steht!" Ständig wiederholte er sein Rezept: „Ein gepflegter Hausgarten macht euch vom Laden des Landeigners unabhängig." Immer wieder gab er sich Mühe, das Heim der Menschen schöner und ihren Besitzerstolz größer werden zu lassen. Er zeigte, dass drei Stufen vor dem Hauseingang besser waren als der schräg gestellte Baumstamm. Er zeigte den Männern, wie man eine Toilette baute, den Frauen, wie man Gardinen nähte, Teppiche webte und einen Tisch hübsch deckte. Als er eines Abends nach Tuskegee zurückkehrte, kam ihm in den letzten Minuten vor Sonnenuntergang der Gedanke, dass es eine Möglichkeit gab, die schäbigen und hässlichen Hütten ohne große Kosten zu verschönern. Er und Tom gingen einen Hang hinauf. Die letzten Sonnenstrahlen fielen auf den Tonboden, und der Ton leuchtete rot, gelb und blau. „Gott hätte die Farben nicht geschaffen, wenn sie keinen Zweck zu erfüllen hätten", sagte Carver. Obwohl beide einen anstrengenden Tag hinter sich hatten, war Carver sofort hellwach. Er vertraute auf das biblische Wort: „Ich hebe meine Augen auf zu den Bergen, von denen mir Hilfe kommt", und er verstand es so, dass man Hilfe nur dann finden konnte, wenn man sie mit aller Energie und Geisteskraft suchte. Und nun suchte Carver.

Zu Hause zog er seine Schachteln mit Tonproben hervor, betrachtete sie, ließ die rauhe Masse durch die Finger gleiten und wartete entschlossen auf Gottes Hilfe. Als sie ihm gegen Morgen endlich zuteil wurde, war die Lösung sehr einfach und klar. Er hatte den Sand aus dem gelbem Ton herausgefiltert und den Rest in einen Eimer Wasser getan. Eine Minute später war das Wasser wieder klar, er schüttete es ab, und auf dem Boden des Eimers blieb leuchtend gelbe Farbe zurück.

Nach seiner Gewohnheit war Carver schon vor Sonnenaufgang im Walde. An diesem Tage suchte er aber nicht nach ungewöhnlichen Pflanzen. Er war hinausgegangen, um Gott für seine Hilfe zu danken. Von nun an wollte er überall, wohin er kam, ein wenig Ton ausgraben und den Leuten zeigen, wie leicht sie daraus Farbe gewinnen konnten. Sie würden ihre Hütten innen und außen streichen und wiederum das Gefühl der Leistung und des Fortschritts empfinden.

So geschah es auch. Man behauptet, Dr. Washington habe eines Tages, als er einen ihm seit langem vertrauten Weg entlangritt, die sauberen und frisch gestrichenen Hütten nicht wiedererkannt. Er kehrte glücklich heim und drückte Dr. Carver dankbar die Hand. Und dann fragte er: „Aber halten die Farben auch lange genug?"

Carver deutete auf die leuchtenden Hügel und erwiderte: „Dort haben sie sich seit Jahrtausenden gehalten. Ich denke, sie werden es auch noch weitere 30 oder 40 Jahre schaffen."

Aus kleinsten Anfängen heraus war so bis zum Jahre 1906 eine vollständig eingerichtete, fahrbare Versuchsstation geworden. 1918 stiftete der Staat Alabama einen riesigen Lastwagen, und Tom Campbell, der jetzt Mitarbeiter des Landwirtschaftsministeriums und der erste Schwarze des Südens in einer so hohen Regierungsstellung war, drang in immer weitere Gebiete vor und brachte seine Werkzeuge und Methoden zu Menschen, an denen der Fortschritt der Zeit vorübergegangen war. Auch eine Krankenschwester gehörte nun zum Team. Während Tom mit den Männern über Tierzucht und Baumveredelung sprach, unterrichtete sie die Frauen in Kinderpflege und Ernährung. Welche Wertschätzung diese Schule genoss, zeigte sich erst, als der von Alabama gestiftete Lastwagen den Dienst versagte. Daraufhin brachten die Farmer von Macon County selbst 5000 Dollar auf, um eine neue und größere Schule auf Rädern zu erhalten.

Inzwischen erreichten auch Anfragen aus anderen Staaten und Ländern Tuskegee. Man bat um Rat und Hilfe zur Einrichtung solcher Schulen. Besucher aus Polen, Russland, Japan, Indien und China kamen zu Dr. Carver, um von seinem reichen Wissen zu profitieren.

Bis zum Ende seines Lebens hielt Carver die fahrbare Schule für seine wichtigste Leistung. Millionen Menschen konnten vertrauensvoller in die Zukunft sehen. Sinnbild hierfür war für Georg Carver der alte, armselige Landpächter, der eines Abends durch den dunklen Wald gestolpert kam und sagte: „Meine Frau und ich wären sehr stolz, wenn Sie die Nacht unter unserem Dach verbringen wollten."

Wozu schufst du die Erdnuss, Herr?

Ich kann meinem Jungen einen Sack Erdnüsse geben, und er trägt sie zum Markt. Aber was soll ich mit einem Waggon Erdnüssen anfangen?
Unbekannter Farmer aus Macon County

In einem Bericht vom 20. Januar 1904 an Dr. Washington schilderte Carver seinen Tagesablauf wie folgt:
„Heute habe ich folgenden Unterricht: 8.00-9.00 Uhr Landwirtschaftliche Chemie; 9.20-10.00 Uhr Grundlagen der Farbharmonie für Maler; 10.00-11.00 Uhr Praktische Landwirtschaft, dazu eine weitere Stunde am Nachmittag. Darüber hinaus muss ich sieben Handwerksklassen beaufsichtigen, die sich über das gesamte Gelände verteilen. Ich muss Sämereien erproben, Dünger untersuchen und ständige Analysen des Bodens durchführen. Dann muss ich die Arbeit planen, sie verteilen und Verbindung zu anderen Versuchsstationen halten. Ich bemühe mich, die Geflügelzucht in Gang zu bringen. Außerdem muss ich mir täglich 104 Kühe ansehen, die geimpft wurden, ihre Temperatur überwachen, Vergleiche anstellen und versuchen, die Infektion der übrigen Tiere zu lokalisieren."

In seinem achten Jahr in Tuskegee lehnte er eine Gehaltserhöhung ab, wie er es auch künftig immer wieder tun sollte. Als er im Jahre 1943 starb, verdiente er noch immer monatlich 125 Dollar, die Washington ihm im Jahre 1896 geboten hatte. Tatsächlich hatte Carver keinerlei Verhältnis zum Geld. Einst hatte es ihm den Schlüssel zum Lernen bedeutet. Er hatte es gebraucht, um den Weg zurücklegen zu können, den der Herr ihm gewiesen hatte. Jetzt hatte er sein Ziel erreicht. Seine Bedürfnisse waren befriedigt. Hin und wieder musste der Schatzmeister ihn drängen, endlich seine Gehaltsschecks einzulösen, damit die Konten abgeschlossen werden konnten. Als ein Kollege ihn einmal tadelte, weil er eine Gehaltserhöhung abgelehnt hatte, sagte Carver ehrlich verblüfft: „Was soll ich denn mit noch mehr Geld anfangen? Ich habe doch schon alles, was ich brauche."

Die Klasse für Malerei war sein Werk. Er lehrte seine Schüler, aus der heimischen Erde eine erstaunliche Farbskala zu mischen, stellte Leinwand aus zerstoßenen Erdnussschalen, Bilderrahmen aus Halmen her und verschenkte großzügig seine herrlichen eigenen Bilder, die zumeist mit den Fingern gemalt waren. Zum ersten Mal lebte er mitten unter seinem Volk, und wenn er auch die geistige Anregung durch die Freunde im Norden vermisste (mit vielen von ihnen stand er in lebenslangem Briefwechsel), so schien seine Hingabe an die kleine Gemeinde von Tuskegee doch kein Bedauern in ihm aufkommen zu lassen.

Oft ging er durch die Wohnviertel der Farbigen, sprach mit Kindern und alten Leuten, brachte Blumen für die Frauen mit und machte sie auf Krankheiten an ihren Zierpflanzen aufmerksam. Die Straßen wurden merklich farbenfroher, und als Carver an Straßen und Wegen Zedern pflanzte, gewann die Stadt allmählich jenen anmutigen Charakter, der ihr noch heute eigen ist.

Auch Weiße fragten ihn um Rat für ihre Gärten, und er hielt niemals damit zurück. Eine Blume, so glaubte er, gehöre niemand außer Gott. Gelegentlich verführten sein geflickter Pullover und sein speckiger Hut dazu, ihn für einen Wanderarbeiter oder Bettler zu halten. Eine Dame, die nach dem „Mann von Tuskegee" geschickt hatte, weil er sich ihre kränkelnden Pfirsichbäume ansehen sollte, fragte ihn, ob er sich nicht 50 Cents verdienen wolle, ihr Rasen müsse geschnitten werden. Carver schwieg. Vielleicht lag es an seiner Ablehnung, einen Menschen zu enttäuschen, vielleicht aber auch an der Erinnerung, dass einst eine Aufforderung zum Rasenmähen ein Abendessen für ihn bedeutet hatte. Er ging wortlos an die Arbeit. Hernach klopfte er an die Haustür und fragte: „Und was fehlt nun den Pfirsichen?"

Bei einer anderen Gelegenheit sah jemand, wie Carver in einem Vorgarten ein paar Unkräuter ausriss, und meinte, der arme Mann wolle sie essen. „He, Onkel!", rief er. „Hinter dem Haus sind sie viel größer und saftiger! Bediene dich nur!" Vermutlich fühlte er sich als Wohltäter, als Carver sich bedankte und hinter dem Haus verschwand.

In der Schule gab es solche Probleme natürlich nicht. Neben Washington selbst war Carver die bekannteste Gestalt am Institut. Ob er nun auf einen Baum kletterte, um einen Pilzbefall zu beobachten, ob er einen Entwässerungsgraben aushob, ob er vor seinem Arbeitszimmer eine Kuh anpflockte, um ihr Verhalten nach der Impfung kontrollieren zu können, oder an seinen Analysen arbeitete, das alles konnte höchstens noch einen Neuling in den allerersten Tagen überraschen. Die Lehrerinnen des Instituts nahmen sich seiner besonders an. Sie verlangten seine dürftige Garderobe zum Ausbessern, sie sorgten dafür, dass er etwas zu essen bekam, wenn er, was oft genug der Fall war, über seiner Arbeit die Mahlzeiten vergaß. Sie fühlten sich geschmeichelt, wenn er sich mit einem Strauß aus Kräutern und Wildpflanzen bedankte.

Sein gesellschaftliches Leben wurde durch die völlige Hingabe an die Arbeit begrenzt. Er hielt seinen biblischen Unterricht an den Sonntagabenden, er reiste hin und wieder zu Vorträgen, zu denen er eingeladen wurde, und war zum Erntedanktag und zu Weihnachten Tischgast in Tom Campbells Familie. Sonst aber füllten Labor und Versuchsfelder sein Leben völlig aus, und er schien vor allem zurückzuschrecken, was daran etwas ändern konnte.

Mrs Campbell erinnert sich an einen Weihnachtsabend, an dem der sonst so scheue und zurückhaltende Mann sich ganz an das Spiel mit den Kindern verlor, von denen eines seinen Namen trug. Er brachte ihnen ein selbstentworfenes Spielzeug mit, und während die Kinder jubelten und Carver vor Freude darüber strahlte, kroch er im Zimmer umher, um den Kindern zu zeigen, wie sie das Spielzeug handhaben mussten. Später saß er, auf jedem Knie eines der Kinder, in einer Sofaecke und erzählte ihnen als Gute-Nacht-Geschichte von einem Jungen, der mit den Blumen reden konnte. Als die Kinder endlich im Bett waren und Tom in der Küche zu tun hatte, sagte Mrs Campbell: „Sie können gut mit Kindern umgehen, Professor Carver. Sie sollten selbst eine Familie haben."

Er lächelte ein wenig bedauernd. „Welche Frau möchte schon einen Mann haben, der ständig Bodenproben in ihrem Zimmer verstreut? Und wie sollte ich einer Frau erklären, dass ich jeden Morgen um vier Uhr aufstehen muss?"

„Die richtige Frau würde es verstehen."

„Was, mit den Blumen zu reden?"

Beide lachten, aber Mrs Campbell vergaß dieses kleine Gespräch nie. Und George Carver heiratete nie.

Einmal aber gab es doch ein Mädchen, für das er mehr empfand als für alle anderen. Das ist der Teil seiner Geschichte, der bisher niemals untersucht und erzählt wurde. Miss Hunt war Lehrerin in der Hauswirtschaftsabteilung. Einige ihrer noch lebenden Schüler erinnern sich an eine kleine, flinke Frau, die ebenso in ihrer Arbeit aufging wie Carver selbst. Beide fühlten sich von den Eigenschaften des anderen angezogen, Carver von ihrer Lebhaftigkeit, Miss Hunt von seiner ruhigen Tatkraft. Sie saßen gemeinsam bei Tisch und wanderten gemeinsam durch das Institutsgelände.

Doch die Romanze dauerte nicht lange. In seiner methodischen Weise muss Carver das Problem wohl aus allen Perspektiven erwogen haben. Man kann sich leicht vorstellen, wie er vom Zwang zu einer Entscheidung gequält wurde, die irgendwie mit Schmerzen und Kummer enden musste. Er war nun schon über 40 Jahre alt. Wenn er jemals heiraten wollte, dann musste es jetzt sein. Aber war er dieses Mädchens würdig? Verdiente er überhaupt eine Frau, die mit Recht Liebe, Fürsorge und Familiensinn erwartete? Carver wusste, dass bei ihm stets die Arbeit an erster Stelle stehen würde. Für Geld interessierte er sich nicht. Das mochte für ihn allein gut und richtig sein, für eine Ehe war es das sicher nicht. Er konnte sich nicht vorstellen, wie er den glücklichen Ehemann spielen sollte, der jedes Wochenende daheimsaß, während dort draußen Menschen waren, die ihn nicht brauchten, um glücklich zu sein, sondern um zu überleben.

In diesen Tagen war nicht viel von George Carver zu sehen. Er ging in den Wald oder schloss sich in sein kleines Zimmer ein. Ohne jede Entschuldigung versäumte er auch zum ersten Mal eine Vorlesung. Und dann wusste er, was er zu tun hatte. Es gab keine dramatische Aussprache, aber vielleicht ein paar bedauernde Worte. Kurz darauf verließ Miss Hunt das Institut. Carver hatte sich entschieden; sein Leben sollte ausgefüllt, aber niemals vollkommen sein.

In den frühen zwanziger Jahren, als Carver in einem noch wichtigeren Projekt als dem der mobilen Schule steckte, erfuhr er, dass Miss Hunt gestorben war. An diesem Tag fehlte er zum zweiten und letzten Mal beim Unterricht.

Auf dem Marktplatz der kleinen Stadt Enterprise in Alabama steht ein seltsames Denkmal. Es erinnert an einen verheerenden Pflanzenschädling. Die Inschrift lautet: „In dankbarer Erinnerung an den Baumwollkapselkäfer und sein Werk."

Der Baumwollkapselkäfer ist ein kaum einen Zentimeter langes Tier. Es nährt sich von Baumwollpflanzen und infiziert sie dann mit Millionen winziger Eier. Ungefähr um das Jahr 1892 drang der Käfer von Mexiko nach Texas vor und verwüstete in den nächsten 25 Jahren ein Baumwollfeld nach dem anderen. Der von ihm jährlich angerichtete Schaden überstieg bald 100 Millionen Dollar. Niemand kann sagen, wie viele Existenzen dieser winzige Käfer vernichtete. Für die betroffenen Pflanzer bedeutete er das Ende jeder Hoffnung. Im Jahre 1915 konnte von den Farmern in Coffee County nicht einer von zehn seine Steuern zahlen. Die Kreishauptstadt Enterprise war eine Geisterstadt inmitten verwüsteter Felder. Die Geschäfte mussten geschlossen werden, und die Menschen verarmten und zogen fort.

„Brennt die befallenen Felder nieder", hatte George Carver die Farmer bei jeder Gelegenheit beschworen. „Pflanzt dafür Erdnüsse an!"

Aber niemand hörte auf ihn. „Erdnüsse?", spottete ein alter Pächter. „Wozu denn? Baumwolle nur ist wichtig. Daraus kann man Kleider machen, und die braucht jeder. Aber Erdnüsse? Geben Sie mir 120 Morgen Land, und ich liefere genug Erdnüsse für den ganzen Staat Alabama!"

Er hatte recht. Erdnüsse waren nur den Kindern ein Genuss. Auch Carver hatte sich zunächst kaum Gedanken darüber gemacht, welchen Nutzen sie sonst noch haben könnten. Er wusste nur, dass sie nahrhaft waren und den Boden auffrischten. Und er wusste, dass man etwas finden musste, was auf den verdorbenen Baumwollfeldern gedieh. Alle Forschungen und Versuche hatte er auf diese Frage gerichtet, und er arbeitete gegen die Zeit, denn die dunkle Wolke des unheimlichen Baumwollkapselkäfers wurde immer dichter und bedrohlicher; schon im Jahre 1906 erklärte Carver warnend, sein Vordringen könne nicht aufgehalten werden. Im günstigsten Falle könnten besonders robuste Baumwollsorten, die früh gepflanzt und geerntet wurden, dem Befall entgehen. Er hatte vier langfasrige und besonders widerstandsfähige neue Arten gezüchtet, von denen eine seinen Namen trägt. Dabei blieb er jedoch stets überzeugt, dass letztlich nur der Anbau einer anderen Frucht dem Farmer helfen konnte. Immer wieder riet er, Kartoffeln und Saubohnen anzubauen, doch wenn die Farmer es überhaupt taten, dann nur so viel, wie sie für den eigenen Bedarf verwenden konnten. Carver nahm nun seine Versuche mit der chinesischen Sojabohne wieder auf, von der bisher nur einige alte Mitarbeiter in Iowa überhaupt etwas gehört hatten. Wenn sie sich auch leicht anbauen und in Mehl verwandeln ließ und später dank seiner Forschungen zu einem Hauptanbauprodukt des Südens wurde, begriff Carver doch sehr bald, dass für die Farmer Alabamas der Zeitpunkt noch nicht gekommen war, um ihre Felder dieser seltsamen und unvertrauten Pflanze zu überlassen. Und so kam er schließlich auf die Erdnuss.

Seit über 3000 Jahren ist sie unter den verschiedensten Namen bekannt. Mit den Sklavenschiffen des 18. Jahrhunderts kam sie nach Amerika. Es liegt eine Ironie der Geschichte darin, dass die Erdnuss von Sklavenhändlern in die neue Welt gebracht wurde, weil sie das billigste Nahrungsmittel für Millionen von Schwarzen war, die für das Reich des Königs Baumwolle gebraucht wurden, und dass sie 150 Jahre später zu dem Mittel wurde, durch das die Macht des Königs Baumwolle endgültig gebrochen wurde.

Tatsächlich handelt es sich nicht um eine Nuss, sondern um eine den Bohnen verwandte Hülsenfrucht, die sich, ähnlich der Kartoffel, unter der Erde entwickelt. Die Erdnuss ist mit kargem Boden zufrieden, entzieht der Luft Stickstoff und speichert ihn für Notzeiten. Die Pflanze übersteht geduldig auch die längsten Trockenzeiten und wächst schnell, wenn der Regen endlich einsetzt. Dann recken und beugen sich die Stengel und senken die Samenkörner in die Erde, die sich schnell zu reifen Früchten entwickeln und nur noch herausgezogen und getrocknet werden müssen.

„Was so leicht wächst, kann nicht viel wert sein", sagten die Farmer. Carver nahm sich vor, ihnen das Gegenteil zu beweisen. Sein Rundschreiben Nr. 31 zählte 105 Erdnussrezepte auf und nannte zugleich die besten Anbau- und Erntemethoden. Er wies nach, dass ein Pfund Erdnüsse mehr Eiweißstoffe enthält als ein Pfund Beefsteak. Jedem Besitzer eines kranken Baumwollfeldes gab er den Rat, die befallene Baumwolle zu verbrennen oder unterzupflügen, die Felder zu besprühen und dann einen Monat brachliegen zu lassen. Dann war der Boden bereit, Erdnüsse aufzunehmen.

Um seinem Rat größeren Nachdruck zu verleihen, bat er Dr. Washington, einflussreiche Geschäftsleute aus Macon County zu einem Festbankett einzuladen. Das Essen, das unter Aufsicht und Anleitung von George Carver zubereitet wurde, bestand aus Suppe, falschem Hühnchen, Gemüsepüree, Brot, Salat, Eis, Süßigkeiten, Kleingebäck und Kaffee. Alles an diesem Menu war aus Erdnüssen hergestellt, und alles schmeckte vorzüglich. Als Carver den Gästen schließlich sagte, sie hätten nichts anderes als auf neun verschiedene Arten zubereitete Erdnüsse gegessen, lachten sie erst über seinen vermeintlichen Scherz, sahen einander dann unsicher an und brachen schließlich in stürmischen Beifall aus.

Doch vom Kapselkäfer gezwungen und von George Carver gedrängt, begannen die Farmer allmählich, ihre Felder mit der Erdnuss zu bebauen, und schon bald zeigten Flächen von 20 und mehr Morgen die zartweißen Blüten. Nach kurzer Zeit war die Erdnuss die am meisten angebaute Pflanze im Streifen von Montgomery bis an die Grenze Floridas und schob sich weiter nach Norden vor.

Und dann klopfte eines Tages eine alte Dame an Dr. Carvers Labortür. Sie hatte alle seine Ratschläge getreulich befolgt, und der ausgemergelte Boden ihrer Farm hatte mit einer Rekordernte darauf reagiert. Nun hatte sie alle Erdnüsse gespeichert, die sie selbst und ihr einziger Arbeiter in den nächsten Jahren verbrauchen konnten, aber es waren noch viele Zentner übrig.

„Wer kauft sie mir bloß ab?", fragte sie.

Carver wusste keine Antwort. Er hatte sich so sehr für die Verbreitung der Erdnuss eingesetzt, dass er nun ein Ungeheuer geschaffen hatte, das fast so bedrohlich war wie der gefürchtete Baumwollschädling. Eine schnelle Reise durch die Umgebung zeigte ihm die Lage. Überall hatte eine reiche Ernte die Scheunen gefüllt. Auf manchen Feldern verrotteten die Erdnüsse. Warum sollte man sie auch ernten? Manche Farmer baten ihn um Hilfe, andere beschimpften ihn. Bedrückt und schuldbewusst kehrte er in sein Labor zurück.

Es lag nicht in seiner Natur zu sagen, dies ginge ihn nichts an, er habe seine Pflicht getan und den Farmern reichen Erntesegen verschafft, um den Absatz sollten sich nun andere kümmern. Sein Verantwortungsbewusstsein kannte keine bequemen Grenzen. Tagelang plagte er sich mit Selbstvorwürfen, weil er das Problem nur halb durchdacht hatte. Die Menschen mussten von der Herrschaft der Baumwolle befreit werden, und sie brauchten eine leicht anzubauende Frucht. Die Erdnuss erfüllte beide Forderungen. Aber die Menschen mussten sie auch verkaufen! Carver war überzeugt, dass Gott ihn nicht umsonst auf die Erdnuss hingewiesen hatte. Der Fehler musste bei ihm selbst liegen. Wenn es bisher keine Märkte für die Erdnuss gab, dann musste er sie eben selbst schaffen.

Jahre später, als er weltberühmt und vom Alter bereits gebeugt war, erzählte er seinen Studenten von diesem entscheidenden Unternehmen.

Bekümmert und von den Widersprüchen des Lebens verwirrt, hatte er an einem Oktobertag in seinen geliebten

Wäldern Trost gesucht. Während er nach den ersten Anzeichen der Morgendämmerung Ausschau hielt, fragte er: „Ach Herr, warum hast du das Weltall geschaffen?"

Und dann fuhr Carver fort: „Und der Schöpfer sagte mir: ‚Für deinen kleinen Verstand ist die Frage zu groß. Frag mich etwas, das mehr zu deiner Größe passt.'

Und so fragte ich: ‚Herr, warum hast du den Menschen erschaffen?' Und Gott antwortete mir und sprach: ‚Kleiner Mensch, du fragst noch immer mehr, als du fassen kannst. Suche doch das richtige Maß für deine Fragen!'"

Seine Zuhörer lauschten dem schmächtigen Mann mit der so musikalischen Stimme.

„Und dann stellte ich meine letzte Frage: ‚Herr, warum hast du die Erdnuss erschaffen?'

‚Das ist schon besser!' sagte der Herr, gab mir eine Handvoll Erdnüsse und ging mit mir ins Labor. Gemeinsam gingen wir an die Arbeit."

Er band sich eine Mehlsackschürze um, entkernte eine Handvoll Erdnüsse und zerrieb sie zu einem feinen Pulver. Das erhitzte er und presste es aus, bis das Öl herausquoll und er eine Tasse damit gefüllt hatte. Dieses Öl untersuchte er lange und sorgfältig, unterzog es einer Reihe von Hitzeversuchen und fühlte sich von den Ergebnissen sehr ermutigt. Anders als tierische Fette ließ sich Erdnussöl sehr leicht mit anderen Substanzen vermischen und dadurch zu Margarine, Seife, Kochfetten und kosmetischen Mitteln verarbeiten.

Dann beschäftigte er sich mit dem Erdnussmehl, fügte Wasser hinzu, erhitzte es, rührte es um, kostete und gab ein wenig Zucker und Salz bei. Als die Flüssigkeit abgekühlt war und wie sahnige Milch aussah, trank er davon. „Es ist Milch!", sagte er laut und lächelte sich selbst in seinem Spiegel zu. Und es war in der Tat Milch, die zwar nicht von einer Kuh stammte, aber dieselben Nährwerte in reichen

Mengen enthielt. Und eine Handvoll Erdnüsse lieferte ein ganzes Glas voll dieser köstlichen Milch!

Die Stunden verflogen, der Tag und die Nacht vergingen, während Carver der Erdnuss das Fett entzog, ihre Bindestoffe, Zucker- und Stärkeanteile. Pentosen, Pentosane, Legumin, Lysine, Amido- und Aminosäuren gewann er aus dem Energiebündel, das man Erdnuss nennt. Immer wieder erprobte er verschiedene Zusammensetzungen unter unterschiedlichen Temperatur- und Druckverhältnissen, und sein Vorrat an Schätzen wuchs unaufhörlich: Süßigkeiten, Erdnussbutter, Tinte, Farben, Schuhcreme, Imprägnierungsmittel, Salben und Rasiercreme. Aus der roten Nusshaut stellte er ein sehr feines Papier her; die Schalen vermischte er mit einem Bindemittel, presste sie und hielt einen Würfel in der Hand, der wie Marmor aussah und auch dessen Festigkeit hatte.

Ununterbrochen arbeitete er einen weiteren Tag und eine weitere Nacht. Die Studenten, die besorgt an seine Tür klopften, wies er kurz ab: „Ja, ja, lasst mich in Ruhe!" Er verließ sein Labor nur, um neue Erdnüsse zu holen, und ganz in Gedanken stopfte er hin und wieder eine Handvoll davon in den Mund.

Er fühlte sich in Gottes Hand, als sterbliches Instrument einer göttlichen Offenbarung. Später sagte er: „Bisher hatte der Schöpfer uns drei Reiche gegeben: das tierische, das pflanzliche und das Mineralreich. Jetzt hat er als viertes das der künstlichen Stoffe hinzugefügt." Später bezeichnete man die industrielle Chemie als die Wissenschaft, die Reichtum aus den schlafenden Kräften des Bodens, der Luft und der Sonne zu gewinnen trachtet, und Henry Ford sagte: „Ich sehe die Zeit voraus, in der die Industrie nicht mehr unsere Wälder abholzt, sondern ihr Material weitgehend aus dem Ertrag unserer Felder gewinnen wird." Zu dieser Zeit äußerte eine Persönlichkeit, Carver sei ein Industriechemiker gewesen, ehe das Wort überhaupt geprägt worden sei, und Christy Borth schrieb über die frühen Versuche des Erdnussmannes: „Hier wurde Verschwendung in Reichtum verwandelt. Carver gewann Papier aus der Kiefer, und 25 Jahre später entstand daraus eine Industrie. Er schuf synthetischen Marmor aus Erdnussschalen, und seine Versuche ebneten den Weg zur Entwicklung von Plastik aus allen erdenklichen pflanzlichen Stoffen. Indem sie Zellulose statt Stahl verwendeten, bauten die Automobilhersteller bald 150 Kilo landwirtschaftlicher Produkte in jeden Wagen."

Wichtiger als alles, was Carver selbst herstellte, war die verblüffende Erkenntnis, dass in allem Lebendigen der chemische Zauber verborgen liegt, den der Mensch zu seinem Nutzen verwenden kann, um nicht nur Nahrung zu gewinnen, sondern um vielleicht alle menschlichen Bedürfnisse daraus zu befriedigen.

Jahre später sagte Landwirtschaftsminister Freeman: „Carvers Weitsicht schuf Möglichkeiten und neue Industrien; er regte Forscher an, verborgene Schätze im Boden unserer Farmen zu entdecken."

Heute leisten über 1000 Wissenschaftler des Landwirtschaftsministeriums in vier Hauptlaboratorien und zehn Versuchsstationen die Arbeit, die Carver ohne jede Hilfe begann, und in den letzten drei Jahrzehnten sind 13 Prozent der landwirtschaftlichen Produktion Amerikas an die Industrie geliefert worden.

Ungeduldig erwartete Carver den Tag, an dem der Süden erkennen würde, welches ungeheure Vorratslager seine Felder darstellten. „Sein Traum", so sagte Minister Freeman, „ist heute in einem weit größeren Maße erfüllt, als er jemals voraussehen konnte."

Von alledem wusste George Carver nichts, als er an jenem Oktobermorgen des Jahres 1915 erschöpft an seinem Arbeitsplatz saß. Er wusste nur, dass es ihm mit Gottes Hilfe gelungen war, dafür zu sorgen, dass die Farmer für jede geerntete Erdnuss einen Käufer finden konnten. Selbst wenn die Ernte sich verdoppelte und verdreifachte – was sie tatsächlich Jahr für Jahr tat –, würde es doch stets ausreichende Absatzmärkte geben. Müde stand er auf, trat in die Morgenkühle hinaus und sprach sein Dankgebet.

In den folgenden Jahren verlängerte er beständig die Liste der aus Erdnüssen zu gewinnenden Güter. Als er starb, waren zahlreiche Fabriken entstanden, die über 300 Produkte fertigten. Ihre Mannigfaltigkeit war verblüffend: Mayonnaise, Pulverkaffee, Haarwaschmittel, Bleichmittel, Schmierfett, Linoleum, Metallpolitur, Klebstoff, Plastik, Tapeten. Die Erdnuss konnte praktisch alles liefern, was der Mensch zum Leben brauchte.

Im Jahre 1919 blühte das einst so armselige Macon County wie nie zuvor. Es war zum reichsten Kreis Alabamas geworden, und die Bevölkerung sammelte 3000 Dollar, um dem Baumwollkapselkäfer ein Denkmal zu setzen, denn seine Zerstörungskraft und das unaufhörliche Drängen des Mannes aus Tuskegee hatten die Menschen des Landes von der Zwangsherrschaft des Königs Baumwolle befreit.

Wenige Jahre später standen in Enterprise große Fabriken. Ringsum wuchsen mehr Erdnüsse als sonst irgendwo in der Welt. Und was in der Umgebung dieser Stadt möglich war, konnte auch an anderen Orten gelingen. Überall im Süden brachte die einst verachtete Erdnuss neues Leben in den ausgemergelten Boden und Geld in die Taschen der schon fast verzweifelten Farmer.

Um die Jahrhundertwende war der Dollarwert der amerikanischen Erdnussernte so unbedeutend, dass er statistisch nicht erfasst wurde. Heute liegt die Erdnuss unter den wichtigsten landwirtschaftlichen Produkten an sechster Stelle. Die zwei Milliarden Pfund, die auf sechs Millionen Morgen Land geerntet werden, sind für die Farmer 300 Millionen und für die Industrie weitere 200 Millionen

Dollar wert. In den Staaten ist die Erdnuss heute so beliebt wie Eis und heiße Würstchen, und in Asien, Afrika und Südamerika wurde sie zu einem wichtigen Nahrungsmittel. Doch noch immer sind ihre Möglichkeiten in Handel und Wissenschaft nicht erschöpft. Mediziner haben kürzlich in der Erdnuss einen Stoff entdeckt, der anscheinend die bisher unstillbaren Blutungen bei Bluterkranken aufhalten kann. Weitere Versuche wurden mit dem Ziel angestellt, künftig in den Weltraumkapseln Erdnüsse zu pflanzen, denn die Pflanze braucht nur wenig Platz, gibt den Astronauten aber den lebensnotwendigen Sauerstoff ab, und vier Tassen Erdnüsse liefern einen ausreichenden Tagesbedarf an Kalorien.

Und das alles begann mit einem farbigen Landwirtschaftslehrer, der nicht glaubte, dass Gott die Erdnuss nicht ohne tieferen Sinn erschaffen habe.

Inzwischen verbreitete sich Carvers Ruhm über Tuskegee und die Grenzen Alabamas hinaus. Immer wieder wurde er zu Vorträgen über die landwirtschaftliche Entwicklung eingeladen. Einer dieser Vorträge musste ausfallen, als eine Zeitung von der Anmaßung schrieb, dass ein Schwarzer sich einbilde, eine weiße Zuhörerschaft über irgendetwas belehren zu können. Für die meisten weißen wie schwarzen Menschen zählte jedoch nicht Carvers Hautfarbe, sondern nur seine Bereitschaft, in einer Fülle von Problemen mit Rat und Tat zu helfen. Seine Tür stand jedem offen, der ihn aufsuchen wollte. Tag für Tag brachte er Stunden damit zu, die Briefe derer zu beantworten, die nicht selbst kommen konnten. Bald traf bei dem „Erdnussmann in Tuskegee" so viel Post ein, dass eine Zweigstelle des Postamtes im Institut eingerichtet werden musste.

„Was fehlt meinem Boden?", fragte ein Mann. „Nichts will darauf gedeihen. Hier ist eine Probe!" Und Carver schüttete ohne zu murren die Bodenprobe aus dem Umschlag, analysierte sie und beriet den Frager.

Viele Einsender schickten Geld mit, das jedoch stets wieder zurückgesandt wurde. Von einer Gruppe von Pflanzern aus Florida kam ein Scheck über 100 Dollar und eine Schachtel mit kranken Erdnüssen. Wenn Carver ihnen sagen könne, so schrieben die Pflanzer, wie ihre Erdnüsse zu heilen wären, wollten sie ihm gern monatlich denselben Betrag überweisen. Carver erkannte die Krankheit und teilte den Pflanzern das Heilmittel mit. Seinem Brief fügte er den Scheck bei und schrieb: „Gott berechnet nichts dafür, dass er die Erdnuss wachsen lässt. Ich halte es deshalb für falsch, etwas für die Heilung kranker Erdnüsse anzunehmen."

Gott war stets Teil seiner Überlegungen und seine wichtigste Antriebskraft. Als ein junger Besucher aus dem Norden die Briefstapel auf Carvers Schreibtisch sah, sagte er: „Sie leisten sicher einen großen Beitrag zur Förderung Ihrer Rasse, Professor!"

Darauf entgegnete Carver: „Mein Sohn, ich helfe Gott nur bei seiner Arbeit. Und ich bin sicher, dass er nicht an irgendeine Rasse, sondern an das Wohl der ganzen Menschheit denkt."

Unter den neuen Unternehmen, die durch die Erdnussverwertung entstanden, war auch das Werk von Tom Huston. Er vertrieb im ganzen Süden kleine Zellophanbeutel mit gerösteten Erdnusskernen, und an alle Farmer weit und breit schrieb er: „Auf gute Lieferanten wartet bei uns stets ein guter Scheck!" Als Huston aber daranging, auch Erdnussbutter herzustellen, geriet er in Schwierigkeiten. Das Öl trennte sich immer wieder von der Masse und wurde dann schnell ranzig. Daraufhin schickte er seinen Chefchemiker nach Tuskegee.

Carver dachte über das Problem nach und fand schnell einen Zusatz, der das Übel behob. Kurze Zeit später half er dem Mann, ein Verfahren zu entwickeln, um Erdnusskerne mit Schokolade zu überziehen. Ein neues Produkt kam auf den Markt. Dabei erfuhr Carver, dass die Fabrik wöchentlich viele Zentner Erdnussschalen fortwarf. Sofort machte er Vorschläge, wie sich daraus auf einfache Art wertvoller Dünger gewinnen ließ. Jetzt kam der Fabrikant selbst nach Tuskegee und brachte als Zeichen seines Dankes eine wunderbare Felldecke mit. Carver legte sie in seinen Schrank, und niemand hat je gesehen, dass er sie wieder hervorgeholt hätte.

Der Industrielle und der farbige Lehrer verbrachten viele Stunden in ernsthaftem Gespräch. Wie immer, so erwies Carver sich auch hier als ein wahrer Springbrunnen an Ideen. Einmal rief Huston begeistert aus: „Mein Gott, Carver, Sie müssen nach Columbus kommen und für mich arbeiten!"

Carver erwiderte freundlich: „Es ist nicht nur Ihr Gott, Mr Huston. Sie können nicht erwarten, dass Gott sich allein um Toms geröstete Erdnüsse kümmert, und von mir können Sie es auch nicht verlangen. Ich will Ihnen gern helfen, aber mein Platz ist hier in Tuskegee."

Seine Hilfe währte über 15 Jahre. Huston kam einmal monatlich zu Carver und versuchte immer wieder, ihm Geschenke aufzudrängen. Einmal fragte er: „Gibt es gar nichts, womit ich Ihnen eine Freude machen könnte?"

Carver dachte nach und sagte dann überraschend: „O doch, einen Diamanten hätte ich gern."

„Den sollen Sie haben!", sagte Huston.

Kaum eine Woche später wurde ein prächtiger Diamant in einem Platinring im Institut abgeliefert. Beim nächsten Besuch erkundigte sich Huston, ob das Geschenk Carver gefallen habe.

„Ja, der Diamant ist sehr schön", lautete die Antwort.

„Und tragen Sie ihn auch?"

„Tragen?", fragte Carver verwundert zurück. „Ich habe

doch niemals gesagt, dass ich ihn tragen wollte." Und er führte Huston zu seiner Steinsammlung. In ihr hatte der Diamant seinen Platz gefunden.

Aber Huston sollte doch das letzte Wort behalten. Im Jahre 1931 beauftragte er einen Bildhauer, eine Bronzebüste George Carvers zu schaffen. Sie wurde dem College zur Einweihung eines neuen Gebäudes überreicht. Die Feier wurde Carver dadurch verleidet, dass seine Kollegen von ihm verlangten, dass er aus diesem Anlass die übliche Amtstracht der Professoren trug.

Die Büste ist jetzt eine Sehenswürdigkeit im Carver-Museum von Tuskegee.

Gegen Ende des ersten Weltkrieges war die noch junge Erdnussindustrie bereits 80 Millionen Dollar wert. Die weiteren Aussichten waren gut. Um aus dem unerwarteten Segen größeren Nutzen zu ziehen, gründeten Pflanzer des Südens im Jahre 1919 die Vereinigten Erdnuss-Gesellschaften von Amerika. Diese Dachorganisation sollte zum einen immer neue Produkte propagieren, zum anderen aber auch einen Damm gegen die plötzlich einsetzende Erdnussflut aus dem Osten bilden; chinesische und japanische Firmen hatten die günstige Gelegenheit erkannt. Sie warfen fast die Hälfte des Jahresbedarfs auf den amerikanischen Markt. Da sie Kulis arbeiten ließen und weniger als einen Cent Einfuhrzoll je Pfund zu zahlen hatten, konnten sie den amerikanischen Herstellern das Geschäft schwer machen.

Die Vereinigten Erdnuss-Gesellschaften beriefen für den 13. September 1920 einen Kongress nach Montgomery ein und kamen nach hitzigen Debatten überein, Carver zu einem Vortrag einzuladen. „Wenn wir einen Nigger brauchen, um uns sagen zu lassen, wie wir unser Geschäft führen sollen, dann sind wir eben im falschen Geschäft!", schrie ein Pflanzer aus Georgia, der erst kürzlich durch die

Erdnuss aus bitterster Armut zu Reichtum gelangt war. Aber die Vernünftigen behielten die Oberhand. So erging die Einladung an ihn, und am frühen Morgen des 14. September 1920 stieg er in Montgomery aus dem Zug und erfragte seinen Weg zum Exchange-Hotel.

Es war ein heißer Tag. Die Sonne brannte auf George Carver hernieder, während er zwei Pappkoffer mit Mustern durch die Straßen schleppte. Im Hotel erfuhr er, die Erdnussleute seien in die City Hall gegangen. Wieder ging Carver durch die Stadt, und sein Rock war schweißgetränkt. In der City Hall schickte man ihn von einem Büro zum andern, und als er endlich erfuhr, wo die Erdnussleute getagt hatten, war es zu spät. Sie waren bereits in das Hotel zurückgekehrt. Wieder schleppte er seine Koffer durch die sengende Hitze. Es war nun schon fast Mittag.

Im Hotel verweigerte man ihm den Einlass. „Tut mir leid, Onkel", sagte der Portier freundlich. „Farbige sind hier nicht zugelassen."

Carver setzte seine Koffer vor dem Haus ab und zitterte vor Müdigkeit und Enttäuschung. Er wusste, dass es sinnlos war, dem Portier zu widersprechen. Endlich sagte er: „Mein Name ist Carver. Ich werde zum Kongress erwartet. Würden Sie bitte den Herren drinnen Bescheid sagen, dass ich hier warte?"

Endlich kam ein Boy und führte Carver zum Dienstboteneingang. Vor dem Versammlungsraum wurde er abermals aufgehalten. Die Kongressteilnehmer hatten gerade ihr Mittagessen begonnen. Er musste warten.

Jahre später erinnerte sich Carver an diesen Augenblick und sagte, es wäre sicher leichter gewesen, die Koffer zu nehmen und heimzufahren. „Ich bin ein Mensch, und mein Instinkt drängte mich dazu. Aber während ich dort stand und die Menschen an mir vorüberdrängten, als gäbe es mich gar nicht, erinnerte mich Gott daran, dass ich nicht nach Montgomery gereist war, um meine persönlichen Gefühle auszudrücken. Ich war auch nicht gekommen, um den Reichtum der Industriellen und Pflanzer dort drinnen zu vermehren. Ich war gekommen, um Tausenden von kleinen Farmern zu helfen, die ich zunächst einmal davon hatte überzeugen müssen, dass Erdnüsse anzubauen einen Sinn hatte. Diese Organisation war schließlich auch ihr Instrument."

Gegen zwei Uhr wurde Carver eingelassen. Man empfing ihn kühl und schweigsam. Nichts an Carver verriet irgendeinen Ärger, als er seine Koffer öffnete. Er war seit langem an die Ablehnung weißer Zuhörer gewöhnt und versuchte, mit ein paar Scherzworten Kontakt zu finden. „Die Hitze von Montgomery ist für Menschen zwar kaum erträglich", sagte er, „doch Sie werden sich trotzdem kaum darüber beschweren. Für Erdnüsse ist sie nämlich ganz ausgezeichnet." Ein paar der unbewegten Gesichter lächelten, und an sie wandte sich George Carver nun. Bald spürte er, dass alle ihm gespannt zuhörten und ihre anfängliche Feindseligkeit vergaßen.

Das war nicht verwunderlich, denn er hatte einen vollständigen Plan für einen dauerhaften Wohlstand mitgebracht. In den Flaschen, die er zeigte, waren Farben, Gerbstoffe für Leder, Färbemittel für Holz, Seife, Rasierwasser, Puder. Er wies Milchprodukte vom Speiseeis bis zum Käse vor. Er berichtete, dass 100 Liter Kuhmilch zehn Pfund Käse ergäben, aus der gleichen Menge Erdnussmilch jedoch die doppelte Menge hergestellt werden könne. Die Zahl der aus der kleinen Erdnuss herstellbaren Dinge sei fast unbegrenzt und deshalb sei auch der Absatzmarkt fast ohne Grenzen.

Die Männer hörten gespannt zu, und als er mit den Worten schloss: „Die Erdnuss ist zum Segen für alle da, und ihre Zukunft hängt allein vom Einfallsreichtum und Unternehmungsgeist ihrer Erzeuger und Verwerter ab", brachen sie in stürmischen Beifall aus. Viele drängten heran, um die Musterflaschen genauer zu betrachten. Einige dachten sogar daran, George Carver für seinen Vortrag zu danken. Als endlich wieder Ruhe eingekehrt war, sprach der Kongressabgeordnete Steagall:

„Nach dieser Rede käme ich in arge Verlegenheit, wenn ich noch etwas Neues über die Erdnuss sagen sollte. Niemand, der diesen Vortrag gehört hat, kann bezweifeln, dass unsere Industrie die Lebensbedürfnisse unserer Nation in all ihren Bereichen befriedigen kann. Und sie ist zugleich eine junge Industrie, die Schutz verlangen kann. Wenn dieses Thema im Kongress behandelt wird, sollte auch Professor Carver anwesend sein, um seinen Mitgliedern etwas über die Erdnuss zu erzählen, wie er es hier getan hat."

Im allgemeinen Trubel bemerkten nur wenige der Anwesenden, dass Carver seine Flaschen einpackte, seine Koffer nahm und den Raum verließ. Er konnte gerade noch den nächsten Zug zur Heimfahrt erreichen.

Aber die Männer der Erdnussindustrie hatten ihn nicht vergessen. Anfang Januar schickten sie ihm ein dringendes Telegramm: „Erwarten Sie am 20. morgens zu einem Referat über die Möglichkeiten der Erdnuss vor dem zuständigen Kongressausschuss in Washington."

Carver nahm es zur Kenntnis und wandte sich wieder seiner Alltagsarbeit zu. Die Mitglieder des Lehrkörpers aber waren aufgeregt. Tagelang drehten sich die Gespräche im Speisesaal um die große Ehre, dass ihr Professor Carver vor dem Kongress in Washington sprechen sollte. Dann bedrängten sie ihn wegen seiner Kleidung. Sein bester Anzug war noch immer der ihm von seinen Studienkameraden vor 28 Jahren in Iowa gekaufte. Seine Lieblingskrawatte war eine Schleife aus gefärbten Kornhalmen. „Das werden Sie doch nicht in Washington tragen wollen?", fragte man ihn. „Sie werden sich doch bestimmt einen neuen Anzug kaufen, nicht wahr?"

Endlich fühlte er sich so sehr in die Ecke gedrängt, dass er ausrief: „So hören Sie doch einmal zu! Wenn die Leute in Washington einen neuen Anzug sehen wollen, dann kann ich ihnen den auch in einem Päckchen schicken. Wenn sie aber mich hören wollen, dann werden sie mich so nehmen, wie ich nun einmal bin." Und er grinste fröhlich über die Verblüffung der Damen.

Am 20. Januar kam er in Washington an und ging sofort zur Ausschusssitzung. Die Initiatoren waren bereits anwesend und sehr erleichtert, ihn zu sehen. Noch waren Anträge der Vereinigungen der Walnuss-, Dattel- und Geflügelhändler auf der Tagesordnung, und es war nicht abzusehen, wann man sich mit den Fragen der Erdnuss-Gesellschaft beschäftigen würde. Carver hörte ein Weilchen zu, ließ dann seine Koffer in der Obhut der Erdnussvertreter und erklärte zu ihrem Entsetzen, er werde später wiederkommen.

Draußen fand er eine Droschke und ließ sich zum Zoologischen Garten fahren. Er übersah unterwegs die vielen Denkmäler und Bauten, ließ sich jedoch keinen Baum und keine Grünfläche entgehen. Im Zoologischen Garten ging er die Wege entlang und bewunderte die Vielfalt der dort wachsenden Pflanzen. Er ließ die Finger über seltene Sträucher gleiten und war ganz gefangen von den immer neuen Überraschungen der Natur. Jeder Gedanke an den Ausschuss war vergessen. Sorgen und Arbeit der Menschen interessierten ihn nicht mehr. Als er vor einem seltenen chinesischen Baum stand, dessen Färbung einen Pilzbefall zu verraten schien, kniete er auf den feuchten Boden nieder und suchte die Unterseite der Blätter ab, bis er gefunden hatte, wonach er suchte. Dann rief er einen Aufseher herbei, zeigte ihm die Parasiten und erklärte, der Pilz müsse schnell bekämpft werden, wenn die Krankheit sich nicht auf andere Pflanzen ausbreiten sollte.

„Ich werde es melden", sagte der Mann, und Carver ging zufrieden zum Kongressausschuss zurück.

Doch die Erdnussfrage wurde weder an diesem Tage noch am folgenden Morgen behandelt. Mit deutlich wachsender Langeweile hörten die Abgeordneten den Argumenten für verbesserten Zollschutz für Reis und Fleisch aller Art zu. Am Nachmittag des 21. waren die Vertreter der Erdnuss-Interessen schon außer sich vor Aufregung. „Wir können froh sein, wenn wir wenigstens eine halbe Stunde bekommen", klagten sie. „Wir haben Pech!"

„Erklären Sie Carver genau, was er sagen soll!", drängte der Abgeordnete Steagall.

„Das hat jetzt keinen Zweck mehr. Es ist doch zu spät."

Es war schon vier Uhr vorbei, als der erste Vertreter der Erdnuss-Gesellschaft aufgerufen wurde. Das Ende der Sitzung war auf fünf Uhr festgesetzt worden. „Meine Herren, ich will versuchen, mich kurz zu fassen", begann der Sprecher von Virginia und Carolina.

„Wir bitten darum", entgegnete ein müder Abgeordneter aus Texas.

„Nur ein Schutzzoll kann unsere kleinen Farmer des Südens vor dem Ruin bewahren. Wir erbitten keinen besonderen Vorteil, sondern nur einen Einfuhrzoll, der den Unterschied zwischen der Sklavenarbeit im Fernen Osten und der freien amerikanischen Arbeit annähernd ausgleichen kann."

„Das verlangen alle anderen auch", bemerkte der Vorsitzende. „Wir brauchen einen Schutzzoll von mindestens vier Cents pro Pfund!", rief der Vertreter verzweifelt.

„Gut, wir werden darüber beraten. Sonst noch etwas?"

George W. Carver wurde aufgerufen. Alle Köpfe hoben sich, als ein grauhaariger Farbiger im abgetragenen Anzug und mit einem grünen Zweig im Knopfloch zwei schwere Koffer vor dem Platz des Vorsitzenden absetzte. War das ein Irrtum? Sollte es ein Scherz sein?

Als Carver daranging, seine Proben auszupacken, sagte der Vorsitzende Fordney: „In Anbetracht der fortgeschrittenen Zeit können wir Ihnen nur zehn Minuten zubilligen."

Carver erschrak. Zehn Minuten brauchte er ja schon, um auch nur die Aufmerksamkeit dieser von zweitägigen Beratungen über Zahlen und Statistiken erschöpften Männer zu gewinnen! Er packte weiter seine Flaschen aus und suchte nach einem passenden Anfang.

„Was verstehen Sie von Zolltarifen?" fragte Mr Garoer.

„Gar nichts. Ich will ja nur über Erdnüsse sprechen."

Man lachte belustigt. Carver atmete tief und begann: „Man hat mich gebeten, Ihnen etwas über die Erdnuss, ihre Verwendungsmöglichkeiten und die Erweiterung ihres Absatzmarktes zu sagen. Aber wenn wir den Markt erweitern wollen, werden wir uns beeilen müssen, denn in zehn Minuten werden Sie mir ja das Wort entziehen."

Wieder lachten einige, und es kam zu einem lebhaften Stimmengewirr. Sodann bedeutete man George Carver, dass drei seiner zehn Minuten bereits verstrichen seien, ohne dass er etwas vorgetragen habe.

„Sie haben mir diese drei Minuten genommen, und ich habe erwartet, Sie würden sie mir wiedergeben."

Das Stimmengewirr verebbte. Wieder sahen alle George Carver an, der einen Riegel schokoladeüberzogener Erdnüsse vorwies. „Sie wissen nicht, wie köstlich das ist", sagte er, „deshalb will ich es für Sie alle kosten", und er steckte die Leckerei in den Mund. Die Abgeordneten lachten und wandten ihm nun tatsächlich ihre Aufmerksamkeit zu. Wenn ihm nur genügend Zeit blieb ...

Was sich dann zutrug, ist im Protokoll des Kongressausschusses nachzulesen.

Mr Carver: „Ich betreibe landwirtschaftliche Forschungen und habe auch der Erdnuss einige Aufmerksamkeit gewidmet. Ich kann Ihnen sagen, dass sie eines der reichsten Bodenprodukte ist; reich an Nährwert, an chemischen Bestandteilen und an Verwendungsmöglichkeiten. Wenn ich vielleicht etwas Platz haben könnte, um diese Dinge hier abzustellen – vielen Dank! Ich werde nur auf die wichtigsten Einzelheiten hinweisen, denn in zehn Minuten werden Sie mich ja unterbrechen. Hier sind einige der Produkte, die wir aus der Erdnuss entwickelt haben. Hier ist eine Frühstücksnahrung, die aus Erdnüssen und Kartoffeln besteht. Sie ist nahrhaft, leicht verdaulich und sehr schmackhaft. Erdnuss und Kartoffel sind Zwillinge. Wenn es keinerlei andere Lebensmittel gäbe, könnten die Menschen von diesen beiden leben. Sie enthalten alle erforderlichen Nährwerte."

Der Vorsitzende: „Und was ist das andere dort?"

Mr Carver: „Hier ist ein Speiseeispulver, das aus der Erdnuss gewonnen wurde. Allein mit Wasser vermischt, entsteht daraus ein köstliches Eis, das niemand von einem mit reiner Sahne hergestellten Eis unterscheiden kann. In diesen Flaschen sind Farben, die aus Erdnussschalen hergestellt wurden. Bisher habe ich 30 verschiedene Farben gefunden. Sie sind im Labor untersucht worden. Für die Haut sind sie unschädlich. Hier ist Chininersatz. Die medizinische Bedeutung der Erdnuss kann kaum überschätzt werden. Sie ist sehr vielfältig. Hier sind verschiedene Arten von Lebensmitteln und Futterstoffen. Es ist festgestellt worden, dass Rindvieh dadurch prächtig gedeiht und die Milchproduktion erheblich gesteigert wird. Ich habe noch zwei Dutzend anderer Erdnussprodukte mitgebracht, doch ich sehe, dass meine Zeit fast abgelaufen ist. Ich möchte aber noch darauf hinweisen, dass Klima und Boden des Südens für den Erdnussanbau besonders geeignet sind. Der Anbau könnte noch beträchtlich gesteigert werden, wenn es gelänge, weitere Märkte zu erschließen. Es wäre sehr bedauerlich, wenn diese Möglichkeiten für uns verlorengingen und wir gezwungen würden, uns auf ausländische und minderwertige Erdnüsse zu verlassen. Ich danke Ihnen."

Mr Garner: „Herr Vorsitzender, das alles ist sehr interessant. Ich meine, die Zeit für Mr Carver sollte verlängert werden."

Der Vorsitzende: „Sind Sie einverstanden, meine Herren?"

Stimmen: „Ja!"

Der Vorsitzende: „Wollen Sie bitte fortfahren, Mr Carver?"

Mr Carver: „Sehr gern, Sir."

Mr Rainey: „Steigt die Zahl der Verwendungsmöglichkeiten der Erdnuss?"

Mr Carver: „O ja! Wir haben ja gerade erst begonnen, ihren Wert zu erkennen."

Mr Rainey: „Würden Sie sagen, dass sie ein so wertvolles Produkt ist, dass wir gar nicht genug davon haben können?"

Mr Carver: „Das hängt mit den Problemen zusammen, die Ihnen von den anderen Herren dargestellt worden sind."

Mr Barkley: „Könnten wir auch zu viele Erdnüsse haben, wo sie doch für die Ernährung und vieles andere so wertvoll sind?"

Mr Carver: „Selbstverständlich brauchen wir einen gewissen Schutz für unsere Erdnüsse. Das heißt, wir dürfen nicht zulassen, dass andere Länder unsere Rechte übernehmen."

Mr Garner: „Sagten Sie nicht vorhin, von Zolltarifen verstünden Sie nichts?"

Mr Carver: „Ich weiß immerhin, wie man die anderen Burschen aus dem Geschäft heraushalten kann (Gelächter). Ich möchte hier in aller Aufrichtigkeit sagen, dass Amerika bessere Erdnüsse erzeugt als alle anderen Staaten der Welt – soweit ich es bisher feststellen konnte."

Mr Rainey: „Dann brauchen wir minderwertige Ware aus dem Ausland doch gar nicht zu fürchten! Sie ist doch keine Konkurrenz für uns!"

Mr Carver: „Es ist auf diesem Gebiet nicht anders als auf allen anderen. Manche Menschen mögen Margarine so gern wie Butter. Manchmal muss man also auch das überlegene Produkt schützen."

Mr Oldfield: „Aber die Molkereifachleute haben keine Steuer auf Butter verlangt, sondern sie haben die Margarine mit einer Steuer belegen lassen."

Mr Garner: „Und diese Möglichkeit haben sie ausgenutzt, um die Margarine aus dem Geschäft zu drängen."

Mr Carver: „Richtig! Das soll der Zolltarif ja eben erreichen – er soll die anderen Burschen verdrängen (Gelächter). Vielleicht ... vielleicht sollte ich lieber aufhören ..."

Der Vorsitzende: „Nur weiter, Bruder! Ihre Zeit ist unbegrenzt!"

Mr Carver: „Hier haben wir zum Beispiel Erdnussmilch."

Mr Oldfield: „Glauben Sie nicht, wir sollten die Erdnuss mit einer Steuer belegen, damit sie der Kuhmilch keine Konkurrenz macht?" (Gelächter)

Mr Carver: „Nein, sie wird die Molkereiprodukte nicht beeinflussen, sondern hat einen durchaus eigenen Wert."

Mr Barkley: „Wieso wird die Erdnuss die Molkereiprodukte nicht beeinträchtigen?"

Mr Carver: „Wir haben in den Vereinigten Staaten nicht soviel Milch und Butter, wie wir brauchen."

Mr Barkley: „Eignet sich die Erdnuss auch für Punsch?" (Gelächter)

Mr Carver: „Oh, ich habe noch andere Punsche!"

Zurufe: „Weiter, Junge!"

Mr Carver: „Hier ist einer mit Orange, hier einer mit Zitrone, ein dritter mit Kirschen. Hier ist ein Schnellkaffee, der bereits mit Milch und Zucker versehen ist. Hier haben Sie Buttermilch, Worcestersoße – alles aus Erdnüssen."

Der Vorsitzende: „Haben Sie das alles selbst hergestellt?"

Mr Carver: „Ja. Alle diese Dinge wurden in meinem Labor hergestellt. Dafür ist ein Forschungslabor schließlich da. Aus der Kartoffel werden zur Zeit 107 verschiedene Produkte hergestellt."

Mr Garner: „Wie bitte? Ich habe den letzten Satz nicht verstanden."

Mr Carver: „Ich sagte 107! Aus Kartoffeln gewinnen wir Tinte, Polituren, Pomade, Schminke, um nur einige zu nennen. Aber ich muss mich wohl an die Erdnuss halten (Heiterkeit). Sie wird in ihrer Vielseitigkeit die Kartoffel weit übertreffen. Ich habe ja kaum mit der Arbeit begonnen. Hier sind zum Beispiel falsche Austern, was die meisten unter Ihnen, meine Herren, bestimmt nicht merken würden. Ich habe auch Rezepte für Fleischersatz aus Erdnüssen entwickelt. Sie sind köstlich. Wir werden immer weniger Fleisch gebrauchen, wenn die Wissenschaft die pflanzlichen Produkte stärker entwickelt."

Mr Rainey: „Sie werden die Viehzucht ruinieren!" (Heiterkeit)

Mr Carver: „Gewiss nicht! Aber Erdnüsse können auch dann gegessen werden, wenn Fleisch nicht genossen werden darf. Sie sind eine vollkommene Nahrung und immer verträglich."

Mr Barkley: „Wo haben Sie das alles gelernt?"

Mr Carver: „Aus einem Buch."

Mr Barkley: „Aus welchem Buch?"

Mr Carver: „Aus der Bibel. Sie lehrt, dass Gott uns alles zu unserem Nutzen gegeben hat. Er hat mir einige Geheimnisse der Früchte unserer Erde enthüllt. In ihnen ist alles enthalten, was uns stärkt, nährt und gesund erhält."

Mr Carew: „Mr Carver, wo sind Sie zur Schule gegangen?"

Mr Carver: „Zuletzt habe ich das landwirtschaftliche Institut von Iowa besucht. Sie erinnern sich gewiss an den langjährigen Landwirtschaftsminister James Wilson. Bei ihm habe ich sechs Jahre studiert."

Der Vorsitzende: „In welchem Forschungslabor arbeiten Sie jetzt?"

Mr Carver: „Ich bin Professor am Tuskegee-Institut in Alabama."

Der Vorsitzende: „Fahren Sie bitte fort!"

Fast zwei Stunden fesselte Carver den Ausschuss mit seiner Vorführung von Erdnussprodukten und ließ dabei immer wieder seinen Humor aufblitzen. Als er geendet hatte, sagte Mr Carew: „Sie haben diesem Ausschuss einen großen Dienst erwiesen." Alle Abgeordneten erhoben sich und applaudierten heftig. Jemand rief: „Kommen Sie wieder und bringen Sie uns noch mehr mit!" Das Protokoll zeigt, dass der Vorsitzende Dr. Carver ausdrücklich für seine Art der Problemdarstellung dankte.

Als Carver den Sitzungssaal verließ, hielt ein Abgeordneter ihn auf und bat ihn, eine Kurzfassung seines Vortrages einzureichen. Die Aussagen sollten umgehend in Druck gegeben werden.

Carver sagte zu. Während der Heimfahrt schrieb er eine Zusammenfassung seiner Erklärung und schloss: „Ich stelle nichts her. Ich habe nichts zu verkaufen. Und ich bin sicher, dass Sie, meine Herren, auch ohne meine Vorschläge alles tun werden, um fremde Interessen zu beschränken, die – mit unseren in einem ungleichen Wettbewerb stehen."

Tatsächlich war seine Darstellung wirksamer gewesen als alle Zahlen, Statistiken und Gesuche. So wurden im folgenden Jahr Erdnüsse mit Schalen mit einem Einfuhrzoll von drei Cents, ungeschälte Erdnüsse mit einem Zoll von vier Cents belegt. Noch lange Zeit danach berichtete Kongressabgeordneter Steagall von Carvers Auftreten und schloss seinen Bericht stets mit den Worten: „Und dabei hatte ich den Leuten geraten, Carver vorher zu erklären, was er sagen sollte!"

Die Liste der erstaunlichen Dinge, die Carver mit einer Handvoll Erdnüsse anzufangen wusste, schien kein Ende zu nehmen. Er entwickelte ein Erdnussmehl, das an Protein viermal und an Fetten achtmal reicher war als Weizenmehl und dessen geringer Gehalt an Kohlehydraten es zu einer wichtigen Diabetiker-Nahrung werden ließ. Zermahlene Erdnussschalen wurden zu einem wichtigen Düngemittel, das kostspielige Importe vollwertig ersetzte. Die zerstoßenen Schalen konnten die Feuchtigkeit besser binden und versorgten zudem den Boden mit Stickstoff, Phosphaten und Pottasche.

Als er einmal von einer Vortragsreise erkältet und mit einem quälenden Husten heimkehrte, schloss Carver sich in sein Labor ein und kam Stunden später mit einer fertigen Medizin heraus. Er ging von Kreosot aus, dessen heilsamer Einfluss auf die Atemwege seit langem bekannt war, dessen abscheulicher Geschmack jedoch nur von wenigen Patienten ertragen wurde. Durch die Mischung mit Erdnussöl entstand eine Medizin, die nicht nur schmackhaft war, sondern dem Patienten zugleich wichtige Nährstoffe zuführte. Sie heilte prompt seinen Husten.

Wenig später hörte eine pharmazeutische Fabrik von dem Mittel und wollte es unter dem Namen Penol auf den Markt bringen. Carver hatte dagegen nichts einzuwenden, was auch ohne Belang gewesen wäre, da er wie immer darauf verzichtet hatte, seine Entwicklungen patentieren zu lassen. Er war gern bereit, die Herstellung zu überwachen, verbat sich jedoch ausdrücklich den Gebrauch seines Namens für den Vertrieb der neuen Arznei, die bis zur Zeit der großen Wirtschaftskrise auf dem Markt blieb. Im Institut blieb sie das Standardmittel gegen Husten. Carver verabreichte sie jedem, der sie gerade brauchte, mit seinen besten Genesungswünschen.

Die Frauen der Stadt waren begeistert von der Hautcreme, die Carver ihnen angeboten hatte. Sie war seidenweich, und das Erdnussöl schien allen Hautunreinheiten entgegenzuwirken. Bald lehnten jedoch viele die Creme ab, denn sie hatten festgestellt, dass sie das Gesicht fleischig und fett machte. Carver dachte darüber nach und meinte, wenn etwas einen so starken Einfluss auf die Gesichtsmuskeln habe, müsse es doch auch auf andere Muskeln einwirken. Konnte Erdnussöl dann nicht zu einem wertvollen Einreibemittel werden? Konnte es nicht durch Krankheit oder Unfall geschädigte Muskeln stärken? Konnte es vielleicht Lonny Johnston helfen?

Lonny war ein aufgeweckter Junge von 14 Jahren, dessen Vater Tierpfleger am Institut war. Jahre zuvor hatte ein ausschlagendes Pferd den Jungen am Bein getroffen und die Sehnen am Knie verletzt. Beim Heilungsprozess hatten die Sehnen sich verhärtet, und das Knie war steif geworden. Carver sprach mit den Eltern des Jungen, und eines Samstagnachmittags krempelte Lonny sein Hosenbein auf und legte sich auf den Tisch im Labor. Er zögerte zwar noch ein wenig, hatte aber doch Vertrauen zu Dr. Carver.

„Ich kann nicht versprechen, dass es dir helfen wird", sagte Carver, „aber es wird bestimmt nicht schaden. Und wenn Gott uns beisteht ..."

Er schüttete etwas von dem Einreibemittel in seine Hände und fing an, die erstarrten Sehnen 20 Minuten lang zu massieren. Dabei erzählte er unaufhörlich lustige Geschichten, so dass Lonny geradezu enttäuscht war, als die Behandlung endete.

„Nun, wie fühlt es sich an?", fragte Carver.

„Hm, irgendwie frisch, finde ich."

„Gut. Du kommst jetzt jeden Tag gleich nach der Schule zu mir. Dann werden wir bald merken, ob wir drei es gemeinsam fertigbringen, dass du dein Knie wieder bewegen kannst."

„Wir drei?"

„Du und ich und – Gott."

Die Massagen wurden ein halbes Jahr lang fortgesetzt. Nach kaum zwei Monaten hatte Lonny solche Fortschritte gemacht, dass er ohne zu hinken gehen konnte, und bald darauf spielte er Baseball, und als er das College verließ, hatte er in drei verschiedenen Sportarten Ehrenurkunden errungen.

Inzwischen hatte Carver begonnen, einen Jungen zu behandeln, der an Kinderlähmung litt. Wieder waren die Ergebnisse ermutigend. Der Junge fand allmählich von den Krücken zum Stock und schließlich zu ungehinderter Beweglichkeit zurück. Irgendwie erfuhr auch eine Presseagentur davon. Bald verbreitete sich durch das ganze Land die Neuigkeit, der Erdnussmann habe ein Heilmittel gegen die gefürchtete Kinderlähmung gefunden.

Carver hatte alle Mühe, den Leuten begreiflich zu machen, dass seine Behandlung durchaus keine Heilkur war. Weder das Öl noch die Massage konnten einen unmittelbaren Einfluss auf die Krankheit selbst ausüben. Im günstigsten Falle ließen sich jedoch die verheerenden Nachwirkungen der Krankheit mildern, indem den lahmen und in ihrer Funktion gestörten Gliedern ein gewisses Maß an Leben zurückgegeben wurde. Aber Carvers Widersprüche gingen in den aufflammenden Hoffnungen unter, die nicht enttäuscht werden wollten. Zufällig hatte im Sommer 1932 eine schwere Polioepidemie die Vereinigten Staaten heimgesucht. Jetzt brachten viele Eltern ihre verkrüppelten Kinder nach Tuskegee, und ihre Augen baten noch dringlicher um Hilfe als ihre Worte. Sie kamen aus allen Teilen des Südens und sogar aus New York und Kalifornien. Ihre Wagen standen den ganzen Tag über vor Carvers Labor. Er empfing so viele kranke Kinder wie möglich und massierte manchmal noch, wenn alle anderen Fenster im Institutsgelände längst dunkel waren.

Sein Posteingang betrug jetzt monatlich 1500 Briefe. Er wurde mit langen Telegrammen und endlosen Ferngesprächen von Menschen bestürmt, die um eine Flasche seines Mittels baten und dafür manchmal erstaunliche Summen boten. Eine Fabrik hätte die Nachfrage kaum befriedigen können. Carver war es unmöglich, etwas von den unglücklichen Menschen anzunehmen, die seine Hilfe erbaten. Er konnte ihnen nur sagen, dass seine „Kur" allein aus Erdnussöl bestand, und dass es davon im nächsten Laden eine große Flasche für 85 Cents gab.

Es kam zu Missverständnissen und Verbitterungen. Nach einem Vortrag fragte eine Dame, ob seiner Meinung nach für die Patienten das Öl oder seine Gebete hilfreicher seien. Er entgegnete, das Gebet stehe über allem anderen. Die Dame fragte weiter, ob es dann nicht für die Menschen ratsam sei, auf alle Arzneien zu verzichten und sich allein in Gottes Hand zu geben.

„Meine liebe Dame", entgegnete er, „wie könnten wir die Realitäten leugnen, die uns umgeben? Das Wertvollste im Leben sind Gottes Werke, wie sie sich uns in der Natur zeigen. Warum hätte er wohl die heilenden Kräuter wachsen lassen, wenn er nicht wollte, dass wir uns ihrer bedienen?"

Eines Tages drängte ein Mann an den geduldig wartenden Menschen vorbei und trat in Carvers Labor. Ohne das Kind zu beachten, mit dem Carver gerade beschäftigt war, sagte er: „Ich habe ein schlimmes Bein und möchte, dass Sie es in Ordnung bringen."

Carver sagte: „Das kann ich nicht" und wandte sich wieder dem Kind zu.

Das Gesicht des Mannes wurde rot vor Zorn. Er packte den schmächtigen Wissenschaftler beim Arm und riss ihn herum. „Dreh mir nicht den Rücken zu, du Nigger!", schrie er. „Ich bin hundert Meilen gefahren, um mein Bein in Ordnung bringen zu lassen, und jetzt sagst du, dass du es nicht könntest! Dafür will ich wenigstens einen Grund wissen!"

Carver verabscheute solche Szenen. An einem anderen Ort hätte er sich einfach abgewandt und wäre fortgegangen. Doch jetzt sagte er mit zitternden Händen, aber entschlossener Stimme: „Weder meine Medizin noch meine Gebete können die Gemeinheit in Ihrem Herzen überwinden. Ich kann Ihnen nicht helfen, da Sie es vorziehen, mich zu hassen, statt wirklich Hilfe zu erfahren. Verstehen Sie?"

Der Mann sagte nichts. Lange sah er Carver an. Dann drehte er sich wortlos um und stapfte hinaus.

Obwohl Carver sich sehr hütete, irgendwelche Behauptungen über die Heilkraft seines Erdnussöls aufzustellen, erzielte er doch verblüffende Resultate. Berichte über 250 von ihm behandelte Fälle sagen aus, dass stets eine gewisse Besserung, manchmal sogar eine völlige Heilung erzielt werden konnte. Carvers Arbeit weckte ernsthafte wissenschaftliche Aufmerksamkeit. Im Jahre 1939 stellte die Nationale Stiftung zur Bekämpfung der Kinderlähmung dem Institut Tuskegee eine erhebliche Summe zur Verfügung, um ein Studienzentrum einzurichten mit dem Ziel, geeignete Behandlungsmethoden zu entwickeln. Diese Unterstützung war deshalb wichtig, weil in den anderen Heilstätten für Kinderlähmung keine farbigen Kinder aufgenommen wurden. Die Rockefeller Stiftung half ebenfalls mit einer Spende. Als immer deutlicher wurde, dass der alternde Dr. Carver neben seiner anderen Arbeit nicht allein vollbringen konnte, was die volle Arbeitskraft eines Mannes erforderte, wurde ein fähiger Orthopäde zum Leiter des Polio-Instituts in Tuskegee ernannt. Carvers Methoden standen jedoch stets im Mittelpunkt der Untersuchungen und Behandlungen.

Übte das Erdnussöl in der Tat einen unerklärlichen Einfluss auf geschädigtes Gewebe und Muskeln aus? Carver selbst war niemals ganz sicher, obwohl er überzeugt war, die menschliche Haut könne Erdnussöl leichter als jedes andere Fett aufnehmen. Tatsächlich trug wohl seine Begabung als Masseur mehr als alles andere zu den Heilerfolgen bei. Dr. Chennault sagte einmal: „Er hatte genau das richtige Gefühl für die Behandlung von Muskelschäden und dazu verblüffende anatomische Kenntnisse. Er konnte die Finger über ein beschädigtes Glied gleiten lassen und sagen: ‚Ungefähr an dieser Stelle hört das Leben auf.‘ Und dann ging er mit mehr Geschicklichkeit an die Arbeit, als ich sie je bei einem Berufstherapeuten beobachten konnte.“

Selbstverständlich erfuhr Carver zu Lebzeiten große Dankbarkeit für die Wohltaten, die zahllosen Menschen durch die unscheinbare Erdnuss zuteil geworden waren. Ein Brief hätte ihn sicher ganz besonders berührt. Er wurde wenige Tage nach dem Tode Carvers an dessen Assistenten Austin W. Curtis gerichtet und stammte von einem Missionar in Belgisch-Kongo:

„Ich muss Ihnen sagen, wie sehr wir den Tod Dr. Carvers als Verlust empfinden. Seit 25 Jahren stehen wir in seiner Schuld. Ich hörte von seiner Arbeit und davon, dass er Milch aus der Erdnuss gewonnen hatte. Für uns im Inneren Afrikas war es damals noch unmöglich, Haustiere zu halten. Häufig wurden sie die Beute von Raubtieren oder das Opfer der Tsetsefliege. Wenn eine junge Mutter keine Milch hatte, musste ihr Neugeborenes sterben. Als ich darüber im Jahre 1918 an Dr. Carver schrieb, erklärte er mir in allen Einzelheiten den Anbau der Erdnuss und den Prozess der Milchgewinnung. Hunderte von Säuglingen wurden dadurch vom Tode gerettet, und dafür können wir niemals dankbar genug sein. Lassen Sie mich in diesem traurigen Augenblick die Dankbarkeit aller Menschen ausdrücken, die durch seine Arbeit leben dürfen. Die Welt hat einen wahrhaft frommen Menschen verloren, und keiner hat jemals so wie er die himmlische Ruhe verdient."

Der Sand der Zeit

In derselben halben Stunde beantwortete er einen Brief Henry Fords, zeigte dem Koch, wie man Speck brät, ohne dass er sich aufrollt, half Mrs Wagner bei einer Häkelarbeit. Dann gab er mir einen seiner alten Gehaltsschecks und sagte: „Nimm nur! Die Gelegenheit kommt nicht wieder, und dein Zug fährt um fünf!".

L. A. Locklair

Anfang Juli 1908 reiste Carver nach Missouri. Er weilte eine Stunde am Grabe seines Bruders Jim, übernachtete bei Tante Mariah Watkins, die noch immer in ihrer kleinen Hütte neben der Schule wohnte. Vor allem aber wollte er Moses Carver sehen. Der kräftige Farmer, an den er sich erinnerte, war jetzt 96 Jahre alt, allein und schwach. Er wartete geduldig auf den Tag, an dem er wieder mit seiner längst heimgegangenen Susan vereint sein würde. Der Besuch George Carvers bewegte den alten Mann sehr, und eine Zeitlang unterhielten sich beide angeregt. Dann schien die Kraft des Greises wieder nachzulassen. Traurig stand George auf, um sich zu verabschieden.

„Als du damals fortgegangen bist", sagte Moses Carver plötzlich, „so ein kleiner, schmächtiger Kerl, da hat Tante Susan getan, als würdest du am selben Abend wieder zurück sein."

„Am liebsten wäre ich auch zurückgekommen", gestand George.

„Nein, nein, sie sprach nur aus, was wir beide uns wünschten. Aber ich sagte ihr, du hättest einen weiten Weg zu gehen, und du wärst nicht von der Art, die wieder umkehrt." Er atmete tief. „Ich bin stolz, dass du so weit gegangen bist, George."

Carver konnte vor Rührung nicht antworten. Und nach einer langen Pause sagte der alte Mann: „Geh in die Hütte deiner Mutter. Da steht noch ihr Spinnrad. Ich möchte, dass du es bekommst."

Es war der letzte Abschied. George sollte keinen der vertrauten Freunde wiedersehen. Doch das Spinnrad seiner Mutter stand von nun an in einer Ecke seines überfüllten Zimmers. Niemals ging er daran vorbei, ohne die Finger über das alte Holz gleiten zu lassen. Jeden Tag rief es ihm die Menschen seiner Kindheit und seiner Jugend in die Erinnerung zurück.

Vor ein paar Jahren war er in das Rockefeller-Haus übergesiedelt, das neue Wohnhaus für Jungen. Wenn er jetzt auch ungefähr den doppelten Platz zur Verfügung hatte, war seine neue Wohnung doch bald genauso vollgepfropft wie die alte. Schaukästen enthielten seine Insekten-, Stein- und Fossiliensammlungen. Bücher standen an den Wänden, wissenschaftliche Zeitschriften stapelten sich auf Tisch und Fußboden. Seine Häkelarbeiten lagen auf der Glasplatte eines Tisches und seine Gemälde standen in jedem verfügbaren Winkel. Selten hing er eines von ihnen auf. Die Vielfalt der Topfpflanzen konnte einen Besucher glauben machen, er sei in ein Gewächshaus geraten.

Von überall her kamen Fremde und Freunde. Farmer fragten nach Sämereien und Dünger oder wollten wissen, wie man einen Brunnen keimfrei machen könne. Städter baten um Rat für ihre Parkanlagen und Gärten. Die Jungen fanden nichts dabei, mit ihren Hausaufgaben zu Carver zu gehen, und Carver fand nichts dabei, seine Arbeit zu unterbrechen und sich gemeinsam mit den Burschen den Kopf über einer Mathematikaufgabe zu zerbrechen. Eine unendliche Kette von Kindern kam an seine Tür. Sie brachten seltsame Steine, tote Vögel und verletzte Hunde. Alle waren davon überzeugt, dass es nichts gäbe, was Dr. Carver nicht wisse und könne. Als die Lieblingsgans des jungen

Ernest Washington krank wurde und starb, legte er sie in einen Karton und ging damit zum Rockefeller-Haus.

„Es ist doch zu spät", sagte Dr. Washington seinem Sohn.

„Das spielt keine Rolle", behauptete der Junge vertrauensvoll. „Professor Carver bringt das schon wieder in Ordnung."

Auch Dr. Washington kam – bisweilen mitten in der Nacht. Unter seinen vielfältigen Belastungen konnte er keine Ruhe finden. Dann klopfte er bei Dr. Carver an und sagte entschuldigend: „Ich dachte, Sie hätten vielleicht Lust zu einem kleinen Spaziergang." Dann zog Carver sich eilends an. Er wusste, welches Maß an Sorgen Dr. Washington fast allein zu tragen hatte. Oft sprachen sie durchaus nicht über die Probleme des Augenblicks. Sie gingen gemeinsam durch die Dunkelheit und sprachen über Kleinigkeiten, bis Dr. Washington nach einer Stunde, vielleicht aber auch erst nach drei oder vier Stunden seine innere Ruhe gefunden hatte. Dann bedankte er sich bei seinem Freund und wünschte ihm eine gute Nacht.

Wenn jemand Carver fragte, warum er sich so mir nichts, dir nichts mitten in der Nacht wecken ließ, entgegnete er: „Das ist keine Störung, sondern ein Vorrecht. Ich werde immer bereit sein, wenn Dr. Washington mich braucht."

Zwei so verschiedene Männer waren nicht leicht mehr zu finden. Washington war lebhaft, kontaktfreudig, der anerkannte Sprecher seines Volkes. Er hatte mit Präsident Roosevelt im Weißen Haus gespeist und damit einen Proteststurm und sogar Mordandrohungen ausgelöst. Pausenlos bemühte er sich, einflussreiche Menschen in den Kampf um eine Besserstellung der Schwarzen einzubeziehen.

Carver aber fand seine tiefste Erfüllung noch immer in der Einsamkeit, in seinem Labor, auf einem Baumstumpf im Walde am frühen Morgen. Wenn er sich der Verpflichtung für seine Rasse auch stets bewusst war, sah er seine Aufgabe doch anders. Er bemühte sich, den Menschen eine hilfreiche Hand zu bieten, die auf der untersten sozialen Stufenleiter standen. Er hielt es durchaus nicht für unwichtig, Regierungsbeamte und weiße einflussreiche Persönlichkeiten für die Sache der Schwarzen zu gewinnen, doch er hielt sich selbst nicht für geeignet, eine solche Aufgabe zu erfüllen. Als er nach dem Tode Washingtons zum anerkannten Führer seines Volkes wurde, wuchs er nur langsam und zögernd in diese Rolle hinein.

Und doch entstammten beide Männer in ihrem tiefsten Wesen der gemeinsamen Wurzel der Sklaverei. Sie glaubten an dieselben Werte und erstrebten ein gemeinsames Ziel. Beide hatten ein fast mystisches Gefühl für den Boden und hatten nie gezögert, mit ihren Händen das Land zu bearbeiten. Beide vertrauten der Macht der Erziehung und Bildung. Washington drückte ihre gemeinsame Einstellung aus, als er in seiner „Geschichte des Negers" schrieb: „Jeder schwarze Mann, der bereitwillig den weißen Mann beschimpfte und verfluchte, geriet schnell in den Ruf außergewöhnlichen Mutes. Er brauchte vielleicht nur eine halbe Stunde jährlich auf diese Vertretung seiner Rasse zu verwenden, dann stand er in dem Ruf, ein ausnehmend tapferer Mann zu sein. Ein anderer aber, der jahrelang beharrlich in einer Negerschule arbeitete, sich selbst viele Freuden des Lebens vorenthielt, um einen Dienst zu leisten, der seiner Rasse voranhelfen konnte, wurde von solchen fragwürdigen Helden leicht als Feigling beschimpft, weil er sich dafür entschieden hatte, seine Arbeit ohne gehässige und drohende Worte zu tun."

Im Oktober 1915 brach Washington zu einer neuen Vortragsreise durch die Nordstaaten auf. Carver besprach mit ihm am Morgen seiner Abreise eine Ausstellung, die gerade vorbereitet wurde, und bemerkte plötzlich, wie grau und müde das Gesicht des Direktors war und dass er die Schultern hängen ließ, als er sich auf der Treppe noch einmal umwandte und winkte. Carver sollte ihn nicht mehr lebend wiedersehen.

Am Abend des 25. Oktober sprach Washington in New Haven über „Die Toleranz zwischen den Rassen". Nach seiner Rede fühlte er sich unpässlich. Trotzdem bestand er darauf, nach New York weiterzureisen. Dort aber gab es keine weiteren Reden mehr für den tapferen Mann. Tage später brach er zusammen und wurde eilends in das nächste Hospital gebracht. Die Ärzte verheimlichten nicht, dass er wahrscheinlich nur noch wenige Stunden zu leben habe. Mit versagender Stimme bat der Kranke seinen Freund Robert R. Moton, der sein Nachfolger als Direktor von Tuskegee werden sollte: „Bring mich nach Hause! Ich bin im Süden geboren, habe im Süden gelebt und gearbeitet und will im Süden sterben und begraben sein."

Mit der Eisenbahn wurde er zurückgefahren. Und am Morgen des 14. November starb Booker T. Washington in Tuskegee. Er wurde auf einem kleinen Hügel dicht neben dem College begraben.

Im ganzen Lande herrschte Trauer. Millionen von Schwarzen hatten gelernt, bei Washington Stärke und Hoffnung zu finden. Jetzt konnten sie sich die Welt ohne diesen großen Mann nicht mehr vorstellen. Fast 100.000 von ihnen spendeten für ein Washington-Denkmal. Theodore Roosevelt kam zur Beerdigung nach Tuskegee.

Stärker als die meisten anderen empfand George Carver den Tod Washingtons als persönlichen Verlust. Die beiden Männer hatten durchaus ihre Meinungsverschiedenheiten gehabt, und selbst während ihrer nächtlichen Spaziergänge hatten sie sich stets mit „Dr. Washington" und „Professor Carver" angeredet. Aber sie hatten einander verstanden. Sie waren Freunde gewesen. Carver wusste zwar, was jetzt von ihm erwartet wurde, doch er fühlte sich nicht bereit, den

Platz seines Freundes als Führer der Schwarzen einzunehmen. Er war Roosevelt sehr dankbar, der ihn nach dem Begräbnis zur Seite nahm und sagte: „Es gibt keine wichtigere Arbeit als diejenige, die Sie hier leisten." Und mit dieser seiner Arbeit versuchte er, die schreckliche Leere auszufüllen.

Das Denkmal für Washington wurde im folgenden Jahr vollendet. Es steht dem Eingang des College gegenüber, eine edle Gestalt, die einem verängstigten Jungen den Schleier der Unwissenheit von den Augen nimmt und ihn sanft vorwärts drängt. Tatsächlich aber ist Tuskegee selbst das Denkmal Booker T. Washingtons, das College, das er vor 34 Jahren mit sechs Schülern in einer kleinen Hütte gegründet hatte und heute 1500 Studierende zählt. Das Wirken des großen Mannes sollte noch lange spürbar bleiben.

Carver kannte keine Bindungen außer an Gott, keine Verpflichtungen außer gegenüber seiner Arbeit. Er war ein Genie und jeder Aufgabe, die er anpackte, so völlig hingeben, dass alles andere in seinen Augen an Bedeutung verlor. Das bezog sich besonders auch auf seine Kleidung, auf sein Verhältnis zum Geld und auf die kleinen gesellschaftlichen Annehmlichkeiten, die das Leben so vieler Menschen auszufüllen vermögen. Er war ein Freund des feinen Witzes und konnte ein prächtiger Unterhalter sein, doch niemand erinnert sich, dass er jemals eines der vielen Feste des College besucht hätte. Als er einmal von einem Mitglied des Lehrkörpers zu einem Festessen eingeladen wurde, erschien er mit einem Gesicht, das offenbar seine Dankbarkeit für die Einladung ausdrücken sollte, wandte sich dann um und ging wieder.

„Aber wollen Sie denn nicht bleiben?", fragte der verblüffte Kollege.

„Leider nein", gab Carver zurück. „Ich muss wieder an

meine Arbeit. Aber ich wollte Ihnen wenigstens zeigen, dass mich die Einladung sehr gefreut hat."

Bei aller Mühe konnte Schatzmeister Logan Dr. Carver doch nie dazu bringen, seine Gehaltsschecks regelmäßig einzulösen. Stattdessen legte er sie in selten benutzte Schubladen, zwischen die Seiten eines Buches oder an irgendeinen anderen Platz, an dem sie leicht in Vergessenheit gerieten.

Grub er sie dann zufällig wieder aus, so verschenkte er sie meistens. Als die Lehrer um einen Beitrag für ein neues Haus des Instituts gebeten wurden, drehte er erschrocken seine Taschen um und sagte: „Ich fürchte, ich habe nur diesen einen Dollar!" Dann aber erinnerte er sich, kramte in einer Schublade und fischte einen jahrealten Gehaltsscheck daraus hervor. „Hier, der kann wohl helfen." Dann fand er einen zweiten. „Der auch!" Und einen dritten. Als die Schublade endlich leer war, hielt der erstaunte Bittsteller eine Spende von 625 Dollar in Händen.

L. A. Locklair, ein erfolgreicher Geschäftsmann in Tuskegee, hatte Carver während seiner Schulzeit geholfen, Tonerde für Farbversuche auszugraben und zu zerkleinern. Dann hatte er Eimer mit gelber Farbe zum Bahnhof nach Chehaw geschleppt, von wo aus sie nach Birmingham verschickt wurden. In einem Sommer hatte das Institut die Möglichkeit, einige Studenten zur Arbeit auf die Tabakfelder in Connecticut zu schicken. Der junge Locklair wollte gern mitfahren, denn wie die meisten seiner Klassenkameraden musste auch er sein Schulgeld selbst verdienen. Unglücklicherweise fehlten ihm jedoch die 40 Dollar für die Eisenbahnfahrt, bis Dr. Carver wieder einmal einen seiner alten Gehaltsschecks hervorzog. „Er versprach mir, dass ich ihm das Geld im September zurückgeben dürfe", erinnerte Locklair sich kürzlich. „Als es dann aber soweit war, wollte er keinen Cent annehmen, wurde richtig böse und bestritt sogar, mir überhaupt jemals Geld gegeben zu haben."

Es lässt sich nicht mehr feststellen, für wie viele weiße und schwarze Jungen Carver die Rechnungen zahlte, wenn sie in Not waren. Aber jeder, der ihn noch persönlich kannte, erinnert sich an wenigstens eine solche Gelegenheit. Andere mochten sich plagen, um Geld zu besitzen, Carver hatte seine geliebten Felder. Geld brauchte er nur, wenn sich jemand fand, dem er damit helfen konnte. Einmal gab er einem Studenten einen Dollar. „Wir wollen einmal sehen, was du damit anfangen kannst", sagte er. Der Junge kaufte eine Henne und einen Sack Futter. Als er sich Monate später wieder bei Carver meldete, besaß er über 50 Dollar Bargeld und dazu eine Anzahl Hennen, die für ein regelmäßiges Einkommen sorgten. Nichts hätte seinen Wohltäter mehr freuen können.

Da der Verwaltungsrat den Schatzmeister immer wieder wegen der nicht eingelösten Schecks bedrängte, brachte Logan Dr. Carver endlich dazu, die Schecks wenigstens bei der Bank zu deponieren. Dort hatten sie sich zu einer beträchtlichen Summe angesammelt, als die Bank während der Weltwirtschaftskrise zahlungsunfähig wurde. Carver saß gerade am Klavier in der Rockefeller-Halle, als der Schatzmeister aufgeregt zu ihm gelaufen kam und ihm die Nachricht brachte. Carver spielte ruhig weiter und sagte nur: „Das muss wohl so kommen, wenn man Geld hortet."

„Aber verstehen Sie denn nicht, dass Sie Ihr ganzes Geld verloren haben?", fragte Logan.

Carver zuckte die Achseln. „Ach was! Wohin es auch gekommen sein mag – wahrscheinlich kann man es dort besser gebrauchen als ich hier."

Logan fühlte sich noch immer für die Ersparnisse des Professors verantwortlich und brachte die Bank dazu, wenigstens 50 Cents für jeden Dollar zu zahlen. Aber Carver lehnte beharrlich ab. „Sagen Sie diesen Herren meinen besten Dank, aber ich hätte 100 Cents für jeden Dollar eingezahlt."

Der Schatzmeister verhandelte abermals und kam mit dem Angebot zurück, die Bank wolle statt in Geld in Baumwolle zahlen. Die Antwort blieb unverändert: „Ich habe keine Baumwolle eingezahlt." Endlich brachte man Carver dazu, eine kleine Farm anzunehmen, die nicht weit vom Institut gelegen war.

Carvers Bibelstunden, die von allen Veranstaltungen außerhalb des Lehrplanes am besten besucht waren, begannen rein zufällig. Die Jungen kamen sonntags oft zu zweit oder zu dritt in sein Zimmer, und Carver erzählte ihnen von den Zusammenhängen zwischen der Wissenschaft und der Heiligen Schrift. Mit großen Handbewegungen und seiner hohen Stimme spielte er biblische Gestalten nach, und als er den Schülern von den Israeliten in der Wüste erzählte, zeigte er ihnen sogar eine Manna-Abart, die er sich irgendwo beschafft hatte. Fossilien und Knochenfunde aus seiner Knabenzeit benutzte er zur Illustration seiner Erzählungen.

Einer der Jungen wollte wissen, wie sie Gott kennenlernen sollten. Würden sie ihn jemals sehen?

„Was studierst du?", fragte Carver zurück.

„Elektrizität."

„Hast du schon einmal Elektrizität gesehen?"

„Nein, sie ist ja ..."

„Aber wenn du den richtigen Kontakt herstellst, wenn du dich nach den Gesetzen deines Berufes richtest, dann kannst du eine Lampe zum Glühen bringen, weil die Elektrizität immer da ist, nicht wahr?"

„Ja", stimmte der Junge zu.

„Siehst du, Gott ist auch immer da und wartet darauf, dass wir den richtigen Kontakt herstellen. Er ist rundum in all den kleinen Dingen, die du vor Augen hast, und doch kannst du ihn nicht sehen." Er zog die Blüte aus seinem Knopfloch und zeigte sie ihnen. „Der Same, der diese Blüte hervorgebracht hat, ist vor Millionen von Jahren erschaffen worden. Er hat Stürme, Trockenheit und die vernichtenden Kräfte des Menschen überstanden. Und in dieser Pflanze liegt nun der Anfang einer neuen Saat, die blühen wird, wenn wir alle längst nicht mehr sind." Er ließ sich in seinen Stuhl zurücksinken, und seine Zuhörer lauschten gespannt. „Kann jemand von euch glauben, dass das Wunder dieser Blüte ein reiner Zufall sei?"

Woche für Woche wuchs die Gruppe, bis sie sich schließlich nicht mehr in das überfüllte Arbeitszimmer zwängen konnte, und die Bibelstunden mussten von nun an in den Saal der Carnegie-Bücherei verlegt werden. Nur selten waren dort nicht alle 300 Plätze besetzt.

Selbst wenn Carver auf Vortragsreisen war, richtete er es zumeist so ein, dass er am Sonntag wieder in Tuskegee sein konnte. Er wartete mit der Uhr in der Hand und begann pünktlich um sechs Uhr. Er sprach vom Gleichgewicht in der Natur. Dann erzählte er plötzlich von einem Zimmermann, der vor langer, langer Zeit unter der ungewöhnlichen Trockenheit des Jahres zu leiden hatte. Irgendwann, so glaubte dieser Zimmermann, müsse eine lange Regenzeit kommen, um das Gleichgewicht in der Natur wiederherzustellen. Warum regnete es nicht? Im Gebet fragte er seinen himmlischen Vater, und er blieb nicht ohne Antwort. Während andere sich im Sonnenschein vergnügten oder ihren gewohnten Geschäften nachgingen, baute der Zimmermann Tag und Nacht an einem Boot. Die Nachbarn verspotteten ihn, denn er lebte weit von jedem Gewässer. Dann aber blieb den anderen das Lachen im Halse stecken. Endlich kam der Regen, und er währte 40 Tage und Nächte. Das Land wurde überschwemmt zur Strafe für jene, die Gott verachtet hatten. Während alle anderen verdarben, war der Zimmermann Noah mit seiner Familie und allen seinen Tieren auf der Arche in Sicherheit, denn allein Noah hatte seinen Glauben auf Gott gerichtet.

Oft erzählte Carver von eigenen Erlebnissen, um den

Kern seines Glaubens zu verdeutlichen. „Geheimnisse sind Dinge, die wir nicht verstehen, weil wir nicht gelernt haben, uns auf sie einzustellen. Das größte Geheimnis von allen lösen wir, wenn wir den wahren Glauben an den Schöpfer finden. Vor Jahren war ich irgendwo eingeladen, und der Hausherr bat mich, etwas Musik im Radio zu hören, während er noch etwas zu erledigen hatte. Stattdessen", so sagte er, „saß ich eine Stunde herum. Die Musik war zwar da, aber sie blieb mir ein Geheimnis, weil ich mich nicht darauf eingestellt hatte."

Er beschwor seine Schüler, darüber nachzudenken, was sie anderen zu geben hätten. „Ich hörte einen Jungen zu einem anderen sagen, er möge seinen Besitz mit ihm teilen. Und der andere entgegnete: ‚Nein, danke, ich bin schon mit meinem eigenen Besitz arm genug.'" Die Zuhörer lachten, und dann kam Carver zu dem, was er mit diesem Bild ausdrücken wollte. „Das Geld ist nicht der wichtigste Besitz des Menschen. Petrus hatte dem armen Krüppel kein Geld zu bieten, also bot er ihm Mut und Hoffnung. Jeder muss lernen, das zu geben, was er hat: Begabung, Freundschaft, ein ermutigendes Wort. Alle großen Männer der Geschichte hatten dieses besondere Gefühl für das Geben."

Seine Lehren waren immer lebensnah und manchmal verblüffend. „Es gibt drei Arten von Unwissenheit", so sagte er. „Die ehrliche, die störrische und die verfluchte. Die letzte ist die schlimmste, denn sie beruht darauf, dass jemand nicht weiß, wie sehr Gott seine Geschöpfe liebt. Als Junge hatte ich auf der Weide Rinder zu hüten, als ein Kalb den Zaun durchbrach. Eine Weile bin ich ihm nachgelaufen, dann blieb ich stehen und dachte: Keinen Schritt laufe ich dir mehr nach! Wenn die Futterzeit kommt, wirst du schon wissen, wohin du gehörst!" Die Studenten hörten aufmerksam zu, und die Moral der Geschichte blieb ihnen nicht vorenthalten. In Booker T. Washingtons Schule, wie Carver Tuskegee stets nannte, hatten sie alle die Möglichkeit, sich auf ihre Lebensaufgabe vorzubereiten. Wenn sie sich dieser Vorbereitung nicht mit allem Eifer widmeten und ihre Zeit lieber vertrödelten, so mussten auch sie wissen, wohin sie gehörten, wenn die Futterzeit kam.

In seinen Bibelstunden sprach Carver die meisten der Aphorismen aus, die Generationen von Tuskegee-Studenten liebevoll sammelten.

Über Zigaretten: „Hätte Gott die menschliche Nase als Schornstein geplant, so hätte er die Nasenlöcher aufwärts gerichtet."

Über Sauberkeit: „Eure Seele ist die Wohnung Gottes. Ihr würdet sicher keinen Vermieter mögen, der euch zumutete, in einem schmutzigen Loch zu wohnen."

Über Arbeit: „Hinter meinem Labor stehen ein paar Bäume. Einer von ihnen ist gefällt worden, und der Stumpf gibt einen guten Sitz ab. Ich habe es mir zur Regel gemacht, jeden Morgen um vier Uhr dort zu sitzen und Gott zu fragen, was ich am Tage tun soll. Und dann gehe ich an die Arbeit."

Über Chancen: „Es gibt eine Chance für jeden, der bereit ist, das zu tun, was die Welt braucht."

Über die Vorbereitung auf das Leben: „Wir müssen die Menschen von dem Irrtum befreien, es gäbe einen verkürzten Weg, um ein Ziel zu erreichen. Das Leben erfordert eine gründliche Vorbereitung. Halbheiten sind dabei gar nichts wert."

Über den Wert des Alltäglichen: „Seht euch um! Nehmt zur Kenntnis, was da ist! Sprecht mit den Dingen! Bald werdet ihr hören, dass sie auch zu euch sprechen!"

Über die Natur: „Ich stelle mir die Natur gern als unbegrenztes Rundfunksystem vor, durch das Gott unaufhörlich zu uns spricht, wenn wir nur die richtige Wellenlänge einschalten."

Über den Tod: „Mich hat niemals die Frage beschäftigt,

wann ich sterben werde. Ich habe mich stets nur gefragt, was ich tun kann, solange ich noch am Leben bin."

Obwohl einer seiner Kollegen George Carver die Seele der Fakultät nannte, hielten einige seine biblischen Ansichten doch für gefährlich unorthodox. Schließlich gingen sie zum Pfarrer und sagten, die Aussagen Carvers stünden nicht im Einklang mit der Bibel. Der Geistliche fragte: „Besuchen viele Studenten diese Bibelstunden?"

„Ja, und Lehrer ebenfalls", berichteten sie mit frömmelnder Empörung.

„Und wie lange geht das nun schon so?"

„Seit Jahren bereits!"

„Und die Stunden sind ganz freiwillig?"

„Ja, aber die Studenten besuchen sie. Der Saal ist immer überfüllt."

Der Geistliche räusperte sich und faltete die Hände. „Nun, meine Herren, dann rate ich Ihnen auch, die Bibelstunden zu besuchen. Carver muss demnach seinen Zuhörern etwas zu sagen haben."

Oft kamen Studenten zu Carver, wenn sie unter Vorurteilen und Diskriminierungen litten. Nach Amerikas Eintritt in den ersten Weltkrieg waren viele von ihnen zur militärischen Ausbildung an die Howard-Universität in Washington geschickt worden. Sie mussten in schmutzigen, für Schwarze bestimmten Wagen reisen, obwohl sie den Fahrpreis erster Klasse zahlten. In Washington waren sie all jenen Demütigungen ausgesetzt, die ein Mensch sich nur ausdenken kann, um seine Mitmenschen zu erniedrigen. Tief betroffen kehrten sie zurück und sagten zu Carver: „Wir wollten doch für Amerika kämpfen, und das mussten wir ausgerechnet in der Hauptstadt der Vereinigten Staaten erleben!"

Carver hörte sie an und tröstete sie. „Keine Stadt hat ein Monopol auf Hass und Unwissenheit. Im Norden gibt es so viele Narren wie im Süden, in Washington nicht weniger

Pharisäer als in Birmingham." Dann legte er ihnen die Arme um die Schultern, zog sie an sich wie ein Vater und fuhr fort: „Ihr dürft euch von den Hassern dieser Welt nicht von eurem Weg abbringen lassen. Die Zeit wird kommen, da sie von ihrem eigenen Hass zerfressen sein werden, und die Unwissenden werden die Wahrheit erkennen. Wenn ihr dann darauf vorbereitet seid, werdet ihr als freie Menschen leben und jedem anderen Menschen gleich sein."

Einer Klasse älterer Studenten sagte er einmal: „Vielleicht meint ihr, nur in einer Umgebung etwas leisten zu können, in der ihr erwünscht seid. Aber mancher von euch wird irgendwohin kommen, wo man ihm und seiner Arbeit feindselig gegenübersteht. Vielleicht stoßt ihr überall auf das unsichtbare Zeichen ‚Farbige unerwünscht'! Aber vergesst nicht, dass daran gar nichts neu ist. Einst kam ein Mann namens Jesus nach Galiläa. Dem ging es nicht anders, als es euch vielleicht ergehen wird. Heute aber verehren die Menschen diesen Jesus als ihren Erlöser, und an Galiläa erinnert man sich heute nur noch, weil dort die Stätte seines Wirkens war."

Selbstverständlich war Carver durchaus nicht immun gegen die von Rassenfanatikern geschlagenen Wunden. Als er zum erstenmal nach Tuskegee gekommen war, hatte man ihm bedeutet, in dieser Gegend habe ein Schwarzer den Hut abzunehmen, wenn er mit einem weißen Mann spreche, und auf den Straßen habe er ganz außen zu gehen, damit er schnell vom Bürgersteig treten könne, wenn ihm ein Weißer begegne. Er habe sich von den Hotels und Restaurants fernzuhalten, die von Weißen besucht werden, und im Theater dürfe er nur die für Schwarze reservierten Plätze einnehmen. Wenn er es wage, aus dem Brunnen eines weißen Mannes zu trinken, würden ihm vielleicht die Zähne ausgeschlagen. Wenn er sich nach Einbruch der Dunkelheit in einer weißen Wohngegend sehen lasse, könne er gelyncht werden. Vor allem aber dürfe er niemals einen anderen Schwarzen als Mister oder Miss anreden, wenn ein Weißer zugegen sei, da diese Höflichkeitsanrede nur Weißen zustehe.

Der Schwarze des Südens stand häufig vor Gericht. Tat er etwas Schlechtes, so sagten die Leute: „Was kann man schon von einem Schwarzen erwarten?" Tat er aber etwas Gutes, so sagten sie: „Er muss weißes Blut in seinen Adern haben." Tatsächlich behaupten selbst heute noch einige durchaus intelligente Menschen, die großen Leistungen George Carvers seien nur durch einen weißen Vater erklärlich.

Im Jahre 1896 war Carver nach Tuskegee gekommen, aber 40 Jahre später musste er nach wie vor bei Reisen mit der Eisenbahn die verwahrlosten und überfüllten Wagen für Farbige benützen, die für gewöhnlich unmittelbar hinter der Lokomotive fuhren und voller Ruß und Rauch waren. Als er schon längst berühmt war, verkaufte man ihm hin und wieder ein Schlafwagenabteil, aber stets unter der stillschweigenden Voraussetzung, dass er nicht darüber redete. Er wagte sich dann keinen Schritt aus seinem Abteil, selbst wenn die Reise drei oder vier Tage dauerte. Bald hatte er gelernt, die Vorhänge zu schließen, sobald der Zug seine Fahrt verlangsamte, weil er sonst mit Steinwürfen durch das Fenster rechnen musste. Er lernte auch, ausgiebig zu essen, bevor er bei einer Veranstaltung eine Rede zu halten hatte. Sonst musste er nämlich hungrig am Rednertisch sitzen und bekam nicht einmal ein Glas Wasser angeboten. Manchmal durchstreifte er stundenlang die Straßen einer fremden Stadt auf der Suche nach einem Hotel, das ihn aufnahm. Manchmal riefen ihm weiße Jugendliche zu: „Nigger, lass dich ja nicht mehr nach Sonnenuntergang in unserer Stadt erwischen!"

„Niemand kann ermessen, wie viel Mut es von ihm verlangte, seine Koffer zu packen und Tuskegee zu verlassen", sagte Harry Abbott, der den Professor in seinen späteren Jahren auf der Reise begleitete. Dabei ging es nicht darum, dass er um seine persönliche Sicherheit gefürchtet hätte. Aber Feindseligkeit jeder Art machte ihn einfach krank, und er war sicher, ihr zu begegnen, sobald er sein Institut verließe. Trotzdem weigerte er sich niemals, dem Ruf zu einem Vortrag zu folgen.

Einmal fragte ein Senator aus Mississippi, als er von einer Vortragsreise Carvers durch die Universitäten des Südens hörte, erstaunt: „Was kann dieser Erdnusskerl aus Tuskegee unseren Mädchen und Jungen schon Interessantes zu sagen haben?"

Die Vortragsreise war vom YMCA geplant worden, und Carver sprach über die Agrarwissenschaft. Obwohl er niemals Rassenprobleme erwähnte, wurde seine Reise als „die bisher größte Leistung für die Verständigung der Rassen im Süden" begrüßt. Sie führte zu einem deutlich gesteigerten Verständnis und rührte manches Gewissen an. In einem College hatte man den Studenten verboten, seinen Vortrag zu besuchen. Später entschuldigten sie sich bei Carver in ihrer Zeitung: „Wir wünschten, rassische Vorurteile gehörten im Süden der Vergangenheit an. Die Proteste gegen Dr. Carver zeigen jedoch, dass ein solcher Zustand noch in weiter Ferne liegt. Manche von uns möchten sich am liebsten vor Scham verkriechen, doch stattdessen sollten wir aufstehen und etwas unternehmen!"

Selbst im Institut gab es keine völlige Sicherheit. Kurz nach dem Krieg erhielt es den Besuch einer maskierten Reitergruppe des Ku-Klux-Klan. In Tuskegee war ein Hospital für kriegsversehrte Schwarze geplant worden, weil diese und auch andere kranke Schwarze in den Krankenhäusern des Südens keine Aufnahme fanden. Das Institut stellte das erforderliche Grundstück zur Verfügung. Alles ging gut, bis bekannt wurde, dass an diesem Hospital Schwarze als Ärzte und Krankenschwestern arbeiten sollten. Das erregte den Zorn der Leute vom Ku-Klux-Klan. Solche Stellungen waren für Farbige eine viel zu große Ehre. Deshalb bereitete der Klan seinen Ritt vor. In einer Vollmondnacht versammelten sich die Fanatiker in der Stadt und ritten zum Institut. Ihre weißen Umhänge flatterten im Wind, und ihre Anzahl war deutlich zu erkennen, als sie in die Straße zum Institut einbogen.

Ebenso deutlich war aber auch die Kampfbereitschaft der Studenten von Tuskegee zu erkennen. Viele von ihnen waren eben aus dem Krieg zur Verteidigung der Demokratie zurückgekehrt. Jetzt waren sie bereit, auch ihre Schule zu verteidigen. Die Leute vom Klan zögerten, und ihre Führer berieten die Lage. Sie waren nicht daran gewöhnt, kämpfen zu müssen, wo sie ihren Terror ausübten. Die Reiter und die sie begleitenden Autos zogen sich zur Stadt zurück. Die unblutige Schlacht war vorüber.

Einmal kam ein Chor aus dem Norden zu Besuch. Die Jungen von Tuskegee bemühten sich sehr, ihre Gäste herzlich aufzunehmen, doch die Chorsänger benahmen sich, als hätten sie eigentlich einen Orden für ihre Bereitschaft verdient, vor Schwarzen zu singen. Als sie nach dem Sonntagsgottesdienst gesungen hatten, betrat auch der kleine Chor des Instituts die Bühne. Bevor er aber nur einen Ton anstimmen konnte, standen die weißen Gäste auf und verließen wortlos den Saal.

Eines Tages betrat eine Gruppe von Männern Carvers Labor. Sie übersahen ihn völlig und benahmen sich wie in einem öffentlichen Museum. Dann ging einer der Männer auf Carver zu, ohne ihn zu grüßen oder auch nur den Hut abzunehmen, und erklärte: „Wir sind auf der Durchfahrt und möchten mit Ihnen sprechen. Wir kommen aus Georgia, aber wir kennen keine Vorurteile."

Darauf entgegnete Carver: „Meine Herren, Ihr Benehmen ist so laut, dass ich Ihre Worte nicht hören kann." Und er verließ sein Labor.

Später kritisierte ein Assistent, dass er so mit den Besuchern umgesprungen sei. „Sie waren nicht aufrichtig", sagte Carver, „und ich bin nun einmal kein Ausstellungsstück."

Bei alledem konnte er sich selbst bei den verletzendsten Bemerkungen niemals wirklich ärgern. Die härtesten Worte, die man jemals von ihm zu diesem Thema hörte, lauteten: „Man kann mir nicht Wasser ins Gesicht schütten und mir einreden wollen, es sei Regen."

Er konnte nicht hassen. Er dachte auch niemals fanatisch. Er war wie ein Vater, der stets bereit ist, sich über das Gute in seinem Kinde zu freuen und das Schlechte als Zeichen der Unerfahrenheit und Unwissenheit hinzunehmen. Er war im Grunde genau wie Booker T. Washington überzeugt, dass ein Rassenfanatiker wegen seiner blinden Brutalität bemitleidenswert sei. Er wiederholte oft die Worte Washingtons: „Niemand kann mich so weit erniedrigen, dass ich ihn hasse!"

In jenen Tagen gab es genau wie heute Menschen, die aktiv für die Rassengleichheit kämpften. Carver war für eine solche Aufgabe nicht geschaffen. „Wenn ich meine Energie darauf verwende, mich gegen alles Unrecht zu wehren, das mir widerfährt", so sagte er, „dann bleibt mir nicht genug Kraft für meine Arbeit."

Seine Arbeit war sein Leben. Indem er sich weigerte, sie mit zornigen Ausfällen gegen Ignoranz und Vorurteile zu verbinden, leistete er einen großen und wichtigen Beitrag zum besseren Verständnis zwischen den Rassen. Er erlöste den Süden aus der Armut, einem noch bittereren Feind als dem Rassenhass, und er gewann dadurch die Dankbarkeit Tausender von weißen Menschen. Für alle Studenten, die im Laufe der Jahre mit ihm zusammentrafen, und für eine neue Generation von Schwarzen, die ihn nur noch aus den Schulbüchern kennt, bleibt George W. Carver ein Beispiel dafür, was ein Mensch mit dem Geist und den Händen vollbringen kann, die Gott ihm gegeben hat.

Jahre der Ernte

Einem Wissenschaftler, der demütig die Führung
Gottes sucht; einem Befreier weißer wie
schwarzer Menschen.

Widmung der Carver verliehenen
Theodore-Roosevelt-Medaille

Im Jahre 1938 wurde Carver einer Zuhörerschaft mit
folgenden Worten vorgestellt: „Sokrates galt als der weiseste Mann der Welt, weil er wusste, dass er nichts wusste. In
unseren Tagen kann man das am besten von Dr. George W.
Carver sagen. Auch er weiß, dass er nichts weiß. Er kennt
weder seine Eltern noch seinen Namen noch den Tag seiner
Geburt. Und von den Kenntnissen, die er der Welt schenkte, weiß er nur, dass sie von einer Macht stammen, die
größer ist als er."

Carver bedankte sich für den Beifall und erwiderte dann
mit lustig funkelnden Augen: „Ich bin enttäuscht, weil ich
immer hoffe, durch einführende Worte etwas über mich zu
erfahren, was ich bisher nicht wusste."

Wie immer sollte der kleine Scherz die Aufmerksamkeit
der Zuhörer auf seinen Vortrag lenken, sonst nichts. Tatsächlich kümmerte die Leere in seiner persönlichen
Geschichte Carver schon längst nicht mehr. Er war die Personifizierung des möglichen Triumphs über schreckliche,
gesichtslose Anonymität, die von der Sklaverei ausgegangen war. Vielleicht blieben die Tatsachen seiner Herkunft
für immer unauffindbar. Vielleicht stand ihm der Name
nicht zu, den er trug. Aber die Zukunft entschädigte ihn
für eine dunkle und trostlose Vergangenheit. Sein Platz in
der Geschichte war gesichert.

Könige und Fürsten reisten Tausende von Meilen, um
ihn zu sehen. Jahrelang unterhielt er einen ständigen

Briefwechsel mit Gandhi. Dieser Kontakt hatte begonnen, als Carver eine karge pflanzliche Diät für den großen indischen Führer ausarbeitete, und er setzte sich in zahllosen Briefen fort. Darin legte Carver den Nährwert solcher Pflanzen dar, die vom hungernden indischen Volk leicht angebaut werden konnten. Als Franklin D. Roosevelt das Tuskegee-Institut im Jahre 1940 besuchte, sagte er zu George W. Carver: „Professor, Sie sind ein großer Amerikaner. Ihr Lebenswerk hat unser ganzes Volk stärker werden lassen."

Carver war einer in der bemerkenswerten Reihe von schwarzen Führern, die mit Frederick Douglass begann und von Washington fortgesetzt wurde, und deren Aufgabe darin bestand, ihr Volk auf die Gleichheit vorzubereiten. Wie seine Vorgänger, so wurde auch Carver von einer kleinen Gruppe von Hitzköpfen als „Onkel Tom" verspottet. Sie warfen ihm vor, die würdelose Behandlung durch den weißen Mann nur hinzunehmen, damit Tuskegee unterstützt werde. Tuskegee aber verzichte darauf, die besonders begabten Schwarzen zu fördern, um sich ganz den Bedürfnissen der breiten, aber langsam vorankommenden Masse zu widmen.

Zu solchen Angriffen nickte Carver ruhig zustimmend, denn das Wichtigste musste zuerst getan werden. „Ich möchte lieber in einem Lande leben, in dem jeder ein halbes Brot essen kann", sagte er, „als in einem Lande, in dem einige ein ganzes Brot essen können, während die Mehrheit hungert." Und woher wäre die gegenwärtige Führungsschicht der Schwarzen wohl gekommen, wenn es nicht die selbstlose Hingabe von Männern wie Booker T. Washington und George W. Carver gegeben hätte?

Es lag in Carvers Natur, dass seine Führerschaft vor allem in seinem eigenen Beispiel bestand. Nur die Mädchen und Jungen, die in seinen Klassen gesessen und sich in seinem Labor zusammengedrängt hatten und deren

Zahl inzwischen in die Tausende ging, verspürten seinen Einfluss unmittelbar. Durch sie erfasste Carver immer weitere Kreise junger Schwarzer. Die Lichter, die er setzte, strahlen auch heute noch immer heller. Bis zu seinem Tode unterhielt er einen lebhaften Briefwechsel mit „seinen Jungen" in allen Teilen der Welt. Selten vergaß er einen Geburtstag, und in vielen Häusern ist ein von Professor Carver gemalter Weihnachtsgruß der kostbarste Familienschatz.

Ein früherer Student hatte wegen seiner Hautfarbe Schwierigkeiten, in eine medizinische Fakultät in Kalifornien aufgenommen zu werden. Carver schrieb ihm: „Am leichtesten wäre es jetzt, einfach aufzugeben. Aber in fünf Jahren oder auch schon früher würden Sie das tief bedauern, und dieses Bedauern würde Ihr künftiges Leben vergiften."

Ein anderer Student erbat seinen Rat, welches von zwei beruflichen Angeboten er annehmen sollte. „Wenn Sie die Vorzüge beider Angebote abwägen", schrieb Carver, „dann setzen Sie das gebotene Gehalt an die letzte und den persönlichen Gewinn an die vorletzte Stelle, und Sie werden sich richtig entscheiden."

Zu den Ehemaligen von Tuskegee gehören Erzieher, Wissenschaftler, Schriftsteller, Physiker und Kongressabgeordnete. Fast jeder von ihnen hegt als besonderen Schatz einen Brief „des Professors", der ihm an einem kritischen Wendepunkt seines Lebens zur Wegweisung wurde.

Ralph Bunche, stellvertretender Generalsekretär der Vereinten Nationen und Friedensnobelpreisträger, damals noch ein junger Professor an der Howard-Universität, kam eines Tages nach Tuskegee, um den Mann zu besuchen, den er einen Wohltäter Amerikas und „die letzte wirklich überzeugende Berühmtheit der Welt" genannt hat. Carver ließ seine Arbeit liegen, um sich mit dem fremden jungen Lehrer zu unterhalten, und hinterließ bei seinem Gast einen unauslöschlichen Eindruck. „Als ich ihn verließ und über den Respekt nachdachte, den dieser Mann sich bei allen schwarzen und weißen Menschen im Süden und Norden erworben hat", sagte Bunche später, „war ich wohl zum erstenmal überzeugt, dass die Rassenschranken in den USA nicht unüberwindbar sein können."

Nachdem Bunche für seine Bemühungen um die Beilegung des Palästina-Konflikts den Nobelpreis empfangen hatte, kam er 1956 in das Simpson-College, um ein neues Gebäude einzuweihen, das dem Gedächtnis Carvers gewidmet sein sollte. „Man kann das Gute nicht berechnen, das aus der sozialen Kettenreaktion entstand, die ihren Anfang nahm, als das Simpson-College im Jahre 1890 diesen wenig eindrucksvollen schwarzen jungen Mann aufnahm", sagte er und hätte gut von seiner eigenen Herkunft reden können. Bunche war der erste Schwarze, der jemals eine führende Stellung in der amerikanischen Regierung eingenommen hatte.

Auch andere prominente Besucher stellten sich ein. Der damalige Prince of Wales verbrachte Stunden in Carvers Labor und war von allem gefesselt, was er dort sah. Der Kronprinz von Schweden studierte drei Wochen bei Carver, um Informationen über die industrielle Nutzung landwirtschaftlicher Abfallprodukte zu gewinnen. Ein leitender deutscher Beamter blieb einige Monate in Tuskegee. Dann nahm er drei Absolventen des landwirtschaftlichen Instituts mit sich. Sie sollten westafrikanische Kolonisten in Carvers Technik der Bodenverbesserung und der Fruchtfolge unterrichten.

Eines Sonntags kam Will Rogers. Nach einer langen und ernsten nachmittäglichen Diskussion mit Carver sagte er den Studenten beim Abendgottesdienst, wie beeindruckt er von allem gewesen sei, was er gesehen und erlebt habe. „Der kostbarste Besitz des Instituts ist aber jener Mann dort", und er deutete auf George Carver. Dann sprach er in hohen Fisteltönen, in denen jeder sofort die Stimme Carvers erkannte: „Von allen Tenören, die ich je kennengelernt habe, ist er der einzige, der etwas taugt." Niemand lachte schallender als Carver.

Regelmäßig kam Henry Ford. Die beiden Männer begegneten sich 1937 und wurden vom ersten Gedankenaustausch an enge Freunde. Sie teilten den unstillbaren Drang, das zu finden, was noch niemand gefunden hatte, das zu tun, was niemand vor ihnen getan hatte. Sie sahen sich sogar ähnlich: hager, falkengleich, wenn sie sich in angeregter Unterhaltung gegenübersaßen, ohne auf das Treiben rundum zu achten. Als sie einmal gemeinsam von der Presse interviewt wurden, sagte Ford: „Professor Carver kann alle Fragen beantworten. Er denkt genau wie ich." Ford war begeistert von den mit Wasserkresse belegten Broten, die Carver für ihn herrichtete, und nahm von nun an stets einen beachtlichen Kressevorrat mit.

Nach ihrem ersten Zusammentreffen vereinbarten sie, sich künftig wenigstens einmal jährlich zu treffen. Anfangs fuhr Carver zu Ford nach Dearborn oder auf seine Pflanzung nach Ways, wo stets Zimmer für ihn bereitgehalten wurden. Später, als Carvers Gesundheit nachließ und er nicht mehr reisen konnte, kam Ford stets nach Tuskegee. Jedesmal versetzte die Ankunft seines Sonderzuges die ganze Stadt in Bewegung. Wollte Mr Ford vielleicht den neuen Flugplatz sehen? Den eben fertiggestellten Anbau des Krankenhauses? Ford fügte sich höflich, wurde dann aber bald unruhig und sagte: „Kann ich jetzt bitte zu Dr. Carver gebracht werden?"

Fords Besuche hatten weitreichende Folgen. Zahllose Weiße kamen jetzt, die sonst niemals daran gedacht hätten, den Fuß auf das Gelände eines College für Farbige zu setzen, und wenn sie wieder gingen, nahmen sie mindestens ein Gefühl von Sympathie für diese Arbeit mit; nicht selten leisteten sie auch erhebliche finanzielle Hilfe. Einmal kündigte Ford überraschend an, er werde ein Sommer-Praktikum für Tuskegee-Studenten in seinen Fabriken einrichten. Die Nachricht, dass Ford Farbige bei sich arbeiten ließ, trug erheblich zu der nun stark einsetzenden Wanderung von Schwarzen aus dem Süden nach Detroit bei.

Die Freundschaft zwischen dem Milliardär und dem farbigen Doktor der Landwirtschaft, der 29 Dollar wöchentlich verdiente, regte die Fantasie der Bevölkerung an. Die Presse machte viel Aufhebens davon. Tatsächlich aber spielte das Geld bei beiden Männern keine Rolle. Beide hatten im Grunde alles, was sie sich wünschten und was ihnen wichtig war. Und sie hatten sehr viel Gemeinsames: die Leidenschaft für produktive Arbeit, den unerschütterlichen Glauben an die Fähigkeit des Menschen, sich die Gaben Gottes nutzbar zu machen und sich ein besseres Leben zu schaffen. Ford betrachtete Carver als ein Genie wie Edison und Firestone, die zu ihren Lebzeiten seine Freunde gewesen waren. „Meiner Meinung nach hat Dr. Carver den Platz Edisons eingenommen. Er ist jetzt der größte lebende Wissenschaftler der Welt", sagte er. Ford imponierte auch, dass Carver im Gegensatz zu fast allen anderen Menschen an persönlichem Reichtum gar nicht interessiert war und nichts für sich selbst wollte. Als Freundschaftszeichen baute Ford die George-W.-Carver-Schule für farbige Kinder in Dearborn.

In dem großen Industriellen hatte Carver endlich einen Menschen gefunden, der Visionen hatte und auch die Möglichkeit, Träume zu verwirklichen. Gleich neben den Ford-Labors wurden Tausende von Morgen Land mit Sojabohnen bebaut. Schon arbeiteten Fords Mitarbeiter daran, landwirtschaftliche Ersatzstoffe für Stahl, Eisen und Glas zu finden. Carver nahm an diesen Forschungen regen Anteil, seine bedeutendste Zusammenarbeit mit Ford vollzog sich jedoch auf dem Gebiet der Gummiherstellung. Goldrute bedeckte riesige Felder der fordschen Besitzungen in Georgia. Aus dieser Pflanze gewann Carver eine milchähnliche Flüssigkeit, die zu einem Material mit gummiähnlichen Eigenschaften verarbeitet werden konnte. Der Stoff war nicht so dauerhaft wie Naturgummi, und die Goldrute war wegen der großen erforderlichen Anbauflächen auch nicht die ideale Pflanze für eine Kunstgummierzeugung in großem Ausmaß. Aber der erregende Anfang der langen Suche nach synthetischen Stoffen war gemacht. Bald sollten Stoffe gefunden werden, die bei geringen Kosten die strengen Anforderungen der Industrie erfüllten und Amerika von entlegenen Rohstoffmärkten unabhängig machen konnten.

Der drohende Krieg ließ dieses Bedürfnis dringlicher werden. Ford richtete in Dearborn ein Labor für Carver ein und baute im nahen Greenfield Village ein Blockhaus zur persönlichen Verfügung des Wissenschaftlers. Aber Carver war nun fast 80 Jahre alt und wurde müde. Beim ersten Anblick seines Hauses, das äußerlich genau der Hütte seiner Mutter in Diamond Grove nachgebildet war, traten Carver die Tränen in die Augen. Aber das Schicksal wollte, dass er das Haus niemals wiedersehen sollte und auch nicht das Labor mit den hervorragenden Arbeitsmöglichkeiten, wie sie Carver noch nie zur Verfügung gestanden hatten. Doch die von ihm begonnene Arbeit wurde fortgeführt. Jetzt waren auch andere überzeugt, dass die Entwicklung synthetischen Gummis möglich war, und sie behielten recht.

Im Jahre 1940 umfasste das College Tuskegee 83 Gebäude, die 2000 Studenten und 200 Lehrkräfte beherbergten, aber Professor Carver trug noch immer denselben Rock wie zur Zeit des Institutspräsidenten Grover Cleveland. In jenem Winter verwendete Harry Abbott einiges Reisegeld darauf, ihm einen neuen Rock zu kaufen. Niemand wunderte sich darüber, dass Carver sich weigerte, das neue Kleidungsstück zu tragen. Abbott verlegte sich vom Bitten auf eine besondere Schocktherapie und behielt damit schließlich die Oberhand.

„Dr. Carver", sagte er streng, „dieser Rock hat 125 Dollar gekostet. Sie wollen doch nicht zulassen, dass soviel Geld verschwendet sein soll?" Carver war erschrocken. Wahrscheinlich hatte er in seinem ganzen Leben keine solche Summe für Kleidung ausgegeben. Er fügte sich.

Aber das war eine der sehr wenigen Konzessionen an die verrinnenden Jahre. Noch immer stand er vor der Morgendämmerung auf und arbeitete bis in die Dunkelheit. Seine Einrichtung blieb allereinfachst – ein paar Blechbüchsen, ein kleiner Kohleofen, auf dem er bisweilen auch seine geliebten Schweinsfüße kochte. Notizen wurden auf jeden Papierfetzen gekritzelt, der ihm in die Finger fiel. Noch immer blieb er stehen, um jedes Stückchen Papier auf dem Institutsgelände aufzuheben. Das war auch fast die einzige Gelegenheit, bei der er den Rasen betrat. Im Sommer war Tuskegee plötzlich von weißen Studenten überschwemmt, die zumeist Chemiker der höheren Semester waren. Sie kümmerten sich nicht um das Gesetz Alabamas, das weißen Studenten verbot, gemeinsam mit farbigen die Schule zu besuchen. Sie drängten sich in Carvers Labor, um außerhalb der eigentlichen Vorlesungszeiten „gelegentliche Unterweisung" zu empfangen.

Eines Sonntags besuchte ihn eine Abordnung von Missionaren aus zehn afrikanischen Ländern. Sie saßen beisammen, tranken Tee, aßen Brote mit Wasserkresse und sprachen über die Möglichkeit, Carvers Forschungsergebnisse in ihren Heimatländern zu nutzen. Dann rasselte er plötzlich ohne jede Vorbereitung eine lange Liste von Pflanzen herunter, die in den afrikanischen Ländern wuchsen, und er nannte zugleich ihren Nährwert und ihre Verwendungsmöglichkeiten.

Es war unvermeidlich, dass auch eine wachsende Zahl von nur Neugierigen zu ihm kam. Er versuchte, sich so gut wie möglich von ihren dummen Fragen fernzuhalten, war aber doch manchmal gezwungen, sein Labor zu verlassen und sich in sein Schlafzimmer zurückzuziehen. Dann liefen die ungebetenen Gäste in seinem Labor umher und nahmen das eine oder andere Stück der Einrichtung als Andenken mit. Das ärgerte Carver ganz besonders, obwohl er stets glaubte, die Leute hätten eben wirklich gerade ein Mischgefäß oder einen Becher gebraucht. „Aber sie hätten sich das doch mühelos selbst beschaffen können, ohne mir meine Geräte zu stehlen", sagte er klagend und ergänzte seine Einrichtung mit einer neuen Tonschale oder einer neuen abgeschnittenen Milchflasche. Die Besucher jedoch fuhren fort, solche Dinge mitzunehmen, und waren offenbar stolz, eines der von Carver selbst hergestellten Geräte aus seinem Labor zu besitzen.

Selbstverständlich war es bei denen anders, die mit wirklichem Interesse kamen und etwas für sie Wichtiges erfahren wollten. Einmal brachte ein Kollege seine alte Mutter mit, um sie mit dem berühmtesten Mitglied des Lehrkörpers bekannt zu machen. Er führte sie bereits wieder zur Tür und war glücklich, dass Carver ihr die Hand gedrückt hatte, als die alte Dame an der Wand ein Bündel getrockneter Kräuter hängen sah. Sofort erkannte sie jedes von ihnen als die Quelle eines berühmten Hausmittels. Vor vielen Jahren, als Sklavenkind, hatte sie diese Kräuter gepflückt. Carver unterbrach seine Arbeit und forderte die Frau auf, sich zu ihm zu setzen, und die beiden alten Menschen unterhielten sich lange über die Heilwirkung der Pflanzen.

Bis zum Ende seiner Tage setzte sich Carver gegen die unglaublich engstirnigen Versuche nicht zur Wehr, ihn als einen einfachen, diensteifrigen „Neger" abzustempeln, der durch einen im Grunde unwahrscheinlichen Zufall oder gar durch Zauberei zum Wissenschaftler geworden sei. Meistens machte er solche Versuche lächerlich, indem er die ihm zugeschriebenen Züge so sehr übertrieb, dass niemand die unausgesprochene Abwehr übersehen konnte.

Einmal fand er bei der Kontrolle in der Eisenbahn seine Fahrkarte nicht und durchsuchte alle Taschen. Der Schaffner sagte: „Machen Sie sich keine Gedanken darüber! Ich weiß ja, wie das bei zerstreuten Professoren ist. Schicken Sie die Karte einfach ein, wenn Sie wieder in Tuskegee sind."

„Vielen Dank", entgegnete Carver. „Ich kann mich nur leider nicht erinnern, wohin ich eigentlich reisen will." Und er suchte weiter, bis er die Karte gefunden hatte.

Bei anderer Gelegenheit versuchte ein Geschäftsmann, Carver mit seinem Einfluss und seinen Beziehungen zu beeindrucken. Eine halbe Stunde sprach er über seine vielen Bekannten in allen möglichen Städten. „Sie sind vermutlich nie sehr weit von hier fortgekommen", sagte er endlich. „O doch", entgegnete Carver. „Ich bin in New York gewesen. Wie heißt doch gleich der Friseur dort?"

Als ein Reporter der Zeitschrift TIME ihn nach einem kurzen Interview als zahnlosen alten Mann beschrieb, tat Carver sehr entrüstet. „Das hat er doch alles nur erfunden! Er hätte nur zu fragen brauchen, dann hätte ich ihm gleich das Gegenteil bewiesen. Schließlich hatte ich meine Zähne doch die ganze Zeit in der Tasche!"

Carver besaß die ungewöhnliche Fähigkeit, die Aufmerksamkeit seines Publikums sogleich zu fesseln. Er gestaltete seine Ausführungen stets so, dass sie ein wenig über dem Niveau der Zuhörer lagen und diese dazu zwangen, selbst mitzuarbeiten. Wenn er Unaufmerksamkeit bemerkte, dann hatte er ein jungenhaftes Vergnügen daran, die Zuhörer wieder zu gewinnen.

Noch immer lehnte er jedes Angebot einer Gehaltserhöhung ab, obwohl jetzt selbst der jüngste Assistent mehr verdiente als er. Immer wieder wunderte man sich, dass er jeden Gewinn aus seinen Entdeckungen ausschlug. Er wunderte sich hingegen darüber, dass man von ihm erwartete, er würde eine Belohnung für die Gabe nehmen, die Gott ihm verliehen hatte. „Wenn Sie all dieses Geld hätten", so wurde gesagt, „könnten Sie doch Ihren Freunden und dem College viel besser helfen!" Darauf erwiderte Carver stets: „Wenn ich das viele Geld wirklich hätte, dächte ich vielleicht nicht mehr an meine Freunde noch an Tuskegee."

Tatsächlich konnte ja auch keine Spende von seiner Seite die bedürftigen Menschen so sehr bereichern, wie es die Früchte seiner Arbeit taten: neue Nahrungsmittel aus besserem Boden, neue Arbeitsplätze in neuen Industrien und das große Beispiel eines edlen Menschen. Wenn man ihm anbot, das Institut zu verlassen, so hatte er dazu schon alles gesagt, als Thomas Edison ihm vor Jahren seinen Chefingenieur geschickt hatte. Edison hatte Carver zur Mitarbeit eingeladen. Sein Jahresgehalt sollte 100000 Dollar betragen. Edison selbst wollte dann nach Tuskegee kommen, um die letzten Einzelheiten zu besprechen.

„Es gibt nichts zu besprechen", entgegnete Carver. „Ich werde mich schriftlich bei Mr Edison bedanken, aber ich kann sein Angebot nicht annehmen."

Der Ingenieur war von dieser Antwort verblüfft, und das war verständlich. Edison war weltberühmt, seine Leistungen waren so großartig und seine Pläne so umfassend, dass Wissenschaftler sich zu Hunderten darum rissen, umsonst unter seiner Leitung arbeiten zu dürfen. Und hier war ein alternder Professor in einem dürftigen College, der sogar ein Gehalt von 100000 Dollar verschmähte.

Carver musste die Gedanken des Mannes erraten haben. „Sehen Sie, Dr. Washington hat mich nach Tuskegee geholt. Er ist jetzt nicht mehr unter uns. Ich fände es unrecht, seine Sache aufzugeben." Da er glaubte, sich nicht hinreichend verständlich gemacht zu haben, fuhr er fort: „Ich habe immer allein gearbeitet. In einer so großen Organisation wie der Ihren würde ich mich fehl am Platze fühlen. Und außerdem ist hier noch soviel zu tun ..."

Endlich begriff der Abgesandte Edisons, und auch Edison selbst verstand Carver. Er schätzte die Treue Carvers und schickte ihm ein Bild mit eigenhändiger Widmung. Beide wurden enge Freunde.

Auch war es bisher keinem der drei Tuskegee-Präsidenten gelungen, Carver zur Annahme eines Assistenten zu bewegen. Der letzte von ihnen, Dr. Frederick D. Patterson, blieb jedoch beharrlich. Vielleicht war es Carver bald nicht mehr möglich, seine ungeheure Arbeitslast allein zu tragen. Jetzt, solange noch Zeit dazu war, musste ein junger Mann in seine Methoden und Forschungen eingearbeitet werden.

So standen im Laufe der dreißiger Jahre viele hoffnungsvolle junge Männer im Labor des Professors, stets freundlich empfangen und dann fast vollständig übersehen.

Im September 1935 meldete sich ein neuer Assistent. Er hieß Austin W. Curtis und hatte Chemie studiert. Sein Vater war Professor für Landwirtschaft an einem College in West-Virginia, und das meiste Land für die dortigen Versuchsfelder hatte sein Großvater dem College kurz vor dem Bürgerkrieg geschenkt. Dr. Carver sollte bald merken, dass der junge Curtis von ganz anderem Format war als die bisherigen Anwärter.

Er wurde mit der gleichen Zurückhaltung empfangen wie seine Vorgänger. Carver schüttelte ihm die Hand und fragte: „Wann sind Sie angekommen?"

„Gerade eben", entgegnete Curtis. „Ich bin sofort zu Ihnen gekommen."

„Vielleicht sollten Sie sich lieber erst das Institut ansehen", sagte Carver. „Schließen Sie Bekanntschaften und lassen Sie sich Zeit." Damit wandte er sich wieder seiner Arbeit zu.

Die nächsten sechs Wochen verbrachte Curtis damit, „sich umzusehen". Jeden Morgen meldete er sich im Labor, und jedesmal nickte Carver ihm zu und sagte kaum ein Wort. „Es war mir bald klar, warum die anderen wieder gegangen waren", sagte Curtis später. „Man bekam sehr schnell das Gefühl, ungefähr so nützlich zu sein wie ein gebrauchtes Stück Butterbrotpapier."

Curtis ging jedoch nicht. Vielmehr beschloss er, einfach eigene Arbeit zu tun, wenn er Dr. Carver nicht helfen konnte. Ihm wurde ein Tisch in einem Winkel des Labors zugewiesen, und er ging daran, einen Lederersatz aus Kürbisschalen zu entwickeln. Dann wandte er sich den Magnolien zu, deren Öl vielleicht das Palmöl in der Seife ersetzen konnte, und das zugleich eine Substanz lieferte, die sich möglicherweise in der Farbherstellung verwenden ließ. Eines Tages stand Carver an dem kleinen Tisch und sagte: „Was machen Sie da?"

Carver stellte noch einige weitere Fragen und mit den Worten: „Rufen Sie mich, wenn Sie Hilfe brauchen", ging er an seinen Arbeitstisch zurück.

Curtis schilderte dem Professor seine Probleme, bekam jedoch keine fertigen Antworten. Das war nicht die Art des alten Mannes. Er stellte vielmehr zahllose Fragen, die den jungen Curtis zu einer immer konzentrierteren Denk- und Arbeitsweise zwangen. „Mein Junge, wenn Sie forschen wollen, dann forschen Sie wirklich", pflegte Carver zu sagen. „Tasten Sie nicht nur herum. Wenn Ihre Seife zu viel Glyzerin enthält, dann werden Sie die Lösung des Problems nicht an der nächsten Straßenecke finden, sondern nur in Ihren Formeln. Wieviel Ätznatron verwenden Sie denn?" Und so ging es weiter, bis Curtis die Lösung schließlich selber fand.

Als Curtis ungefähr zwei Monate in Tuskegee war, trat

eine Käferplage auf. Schließlich wurden auch Carvers geliebte Amaryllen befallen. In wenigen Tagen hatte Curtis ein wirksames Mittel erarbeitet. Nachdem er die Pflanzen im Labor damit bestäubt hatte, ging er mit seiner Mischung ins Freie und kam erst nach Einbruch der Dunkelheit zurück. Bald darauf schickte ihn Carver zur Poststelle, um die Nachmittagspost abzuholen. Der Posthalter pfiff anerkennend durch die Zähne. „Sie werden es vielleicht durchhalten", sagte er. „Sie sind der erste, dem Dr. Carver erlaubt, seine Post abzuholen."

Curtis lachte verlegen. „Vielen Dank! Aber ich hoffe eigentlich, dass ich es noch etwas weiter bringen kann."

Als Curtis das Labor wieder betrat, saß Carver an seiner Arbeit und blickte kaum auf. Curtis aber bemerkte sofort, dass alle seine Geräte aus dem Winkel auf den großen Arbeitstisch geräumt worden waren. So wurde ihm wortlos bedeutet, dass seine Probezeit vorüber war. Kurz darauf erfuhr Curtis, dass Carver schon vor Wochen seinen Eltern geschrieben hatte: „Austin ist das geworden, was ich keinem Menschen jemals zugetraut hätte, nämlich ein fester Bestandteil meines Lebens und meiner Arbeit. Er besitzt die Intelligenz, die Tatkraft und die schöpferische Begabung, die ich seit Jahren vergeblich suchte. Ich kann Ihnen gar nicht sagen, wie froh ich bin, Ihren Sohn bei mir zu haben." Dann hatte er in einer Nachschrift die Eltern darum gebeten, ihrem Sohn von diesem Brief vorläufig nichts zu sagen.

Der neue Assistent sollte bis zu Carvers Tod an seiner Seite bleiben. Carver sagte einmal, Austin Curtis habe sein Leben um Jahre verlängert. Zweifellos gehörten diese Jahre zu seinen glücklichsten, denn in Austin Curtis fand er den Sohn, den er niemals gehabt hatte. Jemanden gefunden zu haben, auf den er sich verlassen konnte, der sein Streben und sein Wollen verstand, der nichts verlangte, sondern nur lernen und helfen wollte, das alles hatte Carver sich kaum zu erträumen gewagt. Kein Vater hätte auf die Leistungen eines Sohnes stolzer sein können. Wohin Carver auch reiste, Curtis begleitete ihn. Und immer schob Carver ihn in den Vordergrund.

Curtis seinerseits wurde zum Experten, Carver vor unliebsamen Störungen zu beschützen und seine Wünsche im Voraus zu erahnen. Einige der Kollegen nannten ihn bereits Baby Carver, und der alte Professor übernahm diesen Spitznamen begeistert. Den ganzen Tag herrschte zwischen beiden eine liebevolle Neckerei, die nur bei Menschen möglich ist, die einander sehr nahestehen. Einmal sollte Curtis seinen Professor bei einer Vorlesung vertreten und las ihm seinen Vortrag vor. Carver hörte stumm zu und sagte dann: „Das ist zwar eine sehr hübsche Rede, aber wahrscheinlich sind Sie der Einzige, der sie auch verstehen wird. Man muss das Futter immer dahin streuen, wo die Kuh es auch erreichen kann."

Als seine Frau von einer kürzeren Reise heimgekehrt war, meinte Curtis scherzhaft, er müsse sofort etwas unternehmen, um seine häusliche Autorität wiederherzustellen. Darauf lächelte Carver und erklärte: „Wenn ein Mann behauptet, er sei der Herr im Hause, bin ich immer misstrauisch. Wahrscheinlich schwindelt er dann auch auf anderen Gebieten."

Curtis gab alle Neckereien getreulich zurück. Bald wusste er die grollenden Proteste des Professors gegen alles, was seiner Bequemlichkeit dienen sollte, geschickt abzuwehren. Wenn Carver sich über das Essen beschwerte, sagte Curtis: „Ich fürchte, Professor, Sie sind so sehr an Kresse und Erdnüsse gewöhnt, dass Sie gar nicht mehr wissen, wie gutes Essen überhaupt schmeckt."

Als er Carver an einem Wintertage vorhielt, dass er ohne Mantel zum Speisesaal gegangen war, tat der Professor erstaunt und sagte: „Es ist wirklich verblüffend, dass ich ohne Sie so viele Jahre überleben konnte."

„Das war pures Glück", gab Curtis zurück.

Carver lachte. „Sie verwandeln sich in eine Pest, junger Mann!"

Doch Curtis behielt das letzte Wort: „Das mag stimmen. Alle behaupten ja, ich würde Ihnen immer ähnlicher."

Curtis gelang es schließlich auch, die Presse wieder für Carver zu gewinnen. Seine Schwierigkeiten mit ihr rührten von einem lange zurückliegenden Zwischenfall her. Es war charakteristisch für ihn, dass er sich seinerzeit um die ganze Angelegenheit nicht weiter gekümmert hatte.

Damals war er eingeladen worden, vor einer kirchlichen Gruppe in New York zu sprechen. Er drückte seine tief verwurzelte Überzeugung aus, dass Gott dem Menschen alle Fähigkeiten geschenkt hat, damit er sie zum Wohle anderer Menschen nütze. Dabei sagte er: „Kein Buch geht in mein Labor. Was ich tun muss und wie ich es tun muss, kommt zu mir. Die Methode enthüllt sich in dem Augenblick, in dem ich zu schöpferischem Tun inspiriert bin."

Innerhalb weniger Tage hatte die Presse in aller Welt Carvers sehr subtile Äußerung in Schlagzeilen verwandelt und zur Sensation gemachte „Farbiger Diener des Himmels", schrieben die Journalisten und „Göttliche Geheimnisse einem Neger enthüllt", oder „Gott ist sein Lehrbuch". Die New York Times, die bei dem Vortrag nicht vertreten gewesen war, fühlte sich bemüßigt, einen Leitartikel darüber zu veröffentlichen, in dem unter anderen Missverständnissen zu lesen stand: „Es ist zu bedauern, dass Dr. Carver eine Sprache gebraucht, die jede Wissenschaftlichkeit vermissen lässt. Wirkliche Chemiker lehnen Bücher nicht ab und schreiben ihre Erfolge nicht der bloßen Inspiration zu."

Carver war von der Auslegung seiner Worte betroffen. Es schien ihm unglaublich, dass ihn jemand so gründlich missverstanden haben konnte. Niemals hatte er behauptet, dass Information und Inspiration einander ausschlössen, noch dass die Hilfe der Bücher und die Hilfe Gottes zueinander im Widerspruch ständen. Er nahm keine Bücher mit in sein Labor, denn wenn über die Dinge, die er sich vorgenommen hatte, bereits geschrieben worden war, sah er keinen Sinn darin, sie noch einmal zu tun. Er war ein schöpferischer Wissenschaftler, der sich bemühte, Türen aufzuriegeln, die bisher noch niemand geöffnet hatte. Weder seine Ziele noch die Methoden, mit denen er sie zu erreichen hoffte, waren in Büchern zu finden. Er hatte aber sein ganzes Leben einem sehr intensiven Studium gewidmet, um sich auf seine Arbeit vorzubereiten. Was er auch vollbracht hatte, stets war es das Ergebnis des Lernens und der Erfahrung gewesen, ohne die er niemals auf die Hilfe Gottes hätte hoffen dürfen.

Doch dies alles blieben stumme Gedanken. Carver selbst verteidigte sich niemals, und niemand tat es an seiner Stelle. So wurde er jahrelang in gewissen intellektuellen Kreisen mit einer Art skeptischer Toleranz betrachtet, als ein Phänomen amerikanischer Legende, als der Mann der Erdnussfelder. Man war bereit, ihm gewisse übersinnliche Fähigkeiten zuzuschreiben, die zweifellos seinem afrikanischen Erbteil entstammten, aber ernsthafte wissenschaftliche Grundlagen und Zielsetzungen sprach man ihm ab.

Carver änderte keine seiner Gewohnheiten, um dieses verzerrte Urteil zu korrigieren. Er fuhr fort, sich in seiner manchmal sehr eigenwilligen und seltsam bildhaften Sprache zu äußern. „Vision" und „Idee" waren für ihn austauschbare Begriffe. Von seinem Verstand sprach er als von „Gottes innerer Werkstatt". Seine Entdeckungen schrieb er „göttlicher Offenbarung" zu, genau wie ein weltlich gesinnter Mensch gesagt hätte: „Ich hatte einen Einfall." So fuhren die Zeitungen fort, ihre spitzzüngigen Artikel über die närrische alte Berühmtheit von Tuskegee zu veröffentlichen, und die Zweifler wurden in ihren Zweifeln an seiner beruflichen Qualifikation bestätigt.

Sobald Curtis eingetroffen war, vollzog sich eine deutliche Wandlung. Während Carver Reportern möglichst aus dem Wege ging und es ihnen überließ, ihre eigenen Geschichten zu erfinden, suchte Curtis das Gespräch mit ihnen und sprach ihre eigene Sprache. „Wann hat eigentlich einer von Ihnen seine Leser darüber informiert, dass Dr. Carver ein abgeschlossenes Studium hinter sich hat?", fragte er. Niemand antwortete. „Oder dass er Mitarbeiter des Landwirtschaftsministeriums für Pilzkunde und Pflanzenpathologie ist? Oder dass er Artikel für alle führenden wissenschaftlichen Zeitschriften verfasste und noch verfasst?"

Seine Meinung war deutlich, und er hämmerte sie den Journalisten ein. Ein andermal erinnerte er die Presse daran, dass niemand es komisch fände, dass Archimedes plötzlich von seinem Platz aufsprang, von dem Gesetz der Auftriebskraft inspiriert! „Was ist denn Inspiration?", fragte Curtis. „Vielleicht halten Sie sie für einen kosmischen Zufall. Professor Carver aber hält sie für die Stimme Gottes, und diese Meinung ist sicher so nachdenkenswert wie Ihre eigene, meine Herren. Professor Carvers wissenschaftliche Methoden sind vollkommen einwandfrei und seine Vorbereitungen stets sehr gründlich. Ihre Verkennung dieser Tatsachen und Ihre Darstellung eines alten, verschrobenen oder liebenswerten Mystikers erweisen sowohl der Wissenschaft als auch der Religion einen schlechten Dienst."

Allmählich wandelte sich das von der Presse gezeichnete Bild Carvers. Immer wieder verlangte Curtis von den Reportern eine faire Darstellung. Die vielen Ehrungen und Auszeichnungen, mit denen Carver in den letzten Jahren überhäuft wurde, taten sicher ein Übriges. Als er im Jahre 1939 die Theodore-Roosevelt-Medaille erhielt, brachte die New York Times abermals einen Leitartikel und charakterisierte ihn im Schlusssatz wie folgt: „Welcher andere Mensch unserer Zeit hat soviel für die Landwirtschaft und den Süden getan!"

Zum 40jährigen Tuskegee-Jubiläum Carvers trafen zahlreiche Spenden ein. Es war bekannt geworden, dass zur Erinnerung an diesen Tag eine Bronzebüste eingeweiht werden sollte, obwohl der Professor selbst darüber spottete: „Ich bin durchaus noch nicht bereit, zum Denkmal zu werden." Einfache Leute aus allen Teilen des Landes wollten gern mit einem kleinen Betrag ihren Dank dafür ausdrücken, dass Carver sie aus der Hoffnungslosigkeit befreit hatte. Der bekannte Bildhauer Steffen Thomas schuf die Büste, und am 2. Juni 1937 wurde sie enthüllt – ein Bildnis dieses großen Menschen, die Augen vertrauensvoll in eine grenzenlose Zukunft gerichtet. Carver selbst stand grau und gebeugt und verlegen da, als von seinen Verdiensten für die ganze Menschheit gesprochen wurde. Er trug noch immer den alten Anzug aus Ames, eine weiße Blüte im Knopfloch, und er versuchte, so wenig wie nur irgend möglich aufzufallen. Aber mancher Gast sah die Tränen in seinen Augen.

Austin Curtis hatte die Gelegenheit benutzt, um das Lebenswerk Carvers in einer Ausstellung darzulegen. Und so wurden die Zeugnisse dieses arbeitsreichen Lebens in der Bibliothek zusammengetragen: Tausende von Produkten, die aus Kartoffeln und Erdnüssen entstanden waren und die Carver aus Abfällen und Unkräutern gewonnen hatte. Curtis selbst führte durch die Ausstellung und gab Erklärungen. Die Ausstellung war so eindrucksvoll, dass Präsident Patterson vorschlug, sie in einem besonderen Haus als ständige Schau unterzubringen. Das George-W.-Carver-Museum sollte entstehen. Carver erhob zunächst Einwände, doch waren sie schnell beseitigt, als der Verwaltungsrat das geeignete Haus ausgewählt hatte, die frühere Wäscherei des Instituts, ein hübsches Steingebäude.

„Nun", sagte Carver lächelnd, „in Wäschereien habe ich mich ja eigentlich immer recht wohl gefühlt." Und dann nahm er selbst begeistert an den Vorbereitungen für das neue Museum teil.

Im März 1941 weihten Henry Ford und seine Gattin das Museum ein. Erwachsene und Kinder drängten sich in den Ausstellungsräumen. Sie betrachteten Dr. Carvers Steinsammlung, die verschlossenen Gläser, in denen noch immer frisch wirkende Proben der ersten Ernte von Tuskegee aufbewahrt wurden, seine Farben, darunter das unvergleichliche ägyptische Königsblau. In einem besonderen Raum waren fast 100 seiner Gemälde und Zeichnungen und einige seiner Spitzen und Häkelarbeiten zu sehen (leider zerstörte ein Feuer im Jahre 1947 viele dieser Ausstellungsstücke, darunter die meisten Gemälde). Auch das Labor und ein Büro für Carver waren hier neu eingerichtet worden. So wurde das Museum nicht nur zum Zeugnis der Vergangenheit, sondern zugleich der Ausgangspunkt fortgesetzter schöpferischer Tätigkeit.

Inzwischen bewiesen immer neue Ehrungen das Ansehen, das Carver in der Welt genoss. Lange zuvor war er als einer der wenigen Amerikaner in die erhabenste wissenschaftliche Körperschaft Englands, die Royal Society of Arts, berufen worden. Bald darauf verlieh man ihm die Springarn-Medaille für hervorragende Forschungen auf dem Gebiet der Bodenchemie. Im Jahre 1928 verlieh ihm seine geliebte Universität Simpson die Ehrendoktorwürde. Präsident Hillman nannte ihn den größten Sohn der Universität und sagte: „Wir dürfen uns freuen, denn wir haben ihn nicht abgewiesen, als er bei uns um Aufnahme bat." Im Jahre 1941 sandte die Universität Rochester eine Abordnung nach Tuskegee und verlieh George Carver einen zweiten Ehrendoktorgrad. Carvers Gemälde „Vier Pfirsiche" wurde für eine Ausstellung in der berühmten Pariser Galerie Luxembourg ausgewählt. 18 Schulen im ganzen Lande trugen seinen Namen. Diese Ehrung schätzte der alte Professor höher ein als jede andere, denn Schulen waren für ihn noch immer geheiligte Stätten.

Es gab merkwürdige Gegensätze. Der Gouverneur von

Alabama verkündete eine Woche der Erdnuss, und Carver wurde von einer Eskorte motorisierter Polizisten zur Eröffnungsveranstaltung geleitet. Aber als kurz nach seinem Tode eine Liste der zehn größten Männer Missouris veröffentlicht wurde, fehlte sein Name darauf. Man nimmt an, den Nobelpreis habe er nur wegen seiner schwarzen Hautfarbe nicht bekommen.

Zu Beginn des Jahres 1940 äußerte Carver den Wunsch, seine Ersparnisse, die sich dank seiner ungewöhnlichen Anspruchslosigkeit auf 33000 Dollar beliefen, nicht erst nach seinem Tode, sondern schon jetzt, da er noch Einfluss auf ihre Verwendung nehmen konnte, dem Institut zu übereignen. Er stimmte dem Vorschlag zu, eine George-W.-Carver-Stiftung zu gründen. Am 10. Februar wurde die Urkunde unterzeichnet. Zweck der Stiftung war es, jungen Schwarzen bei fortgeschrittener wissenschaftlicher Arbeit Hilfe zu gewähren. Selbstverständlich reichte diese Summe nicht für alle Erfordernisse aus, doch nach einer intensiven Werbeaktion, die durch so unterschiedliche Persönlichkeiten wie den Filmschauspieler Edward Robinson und den Industriellen Henry Ford unterstützt wurde, war genug Geld vorhanden, um die Arbeit aufzunehmen. Der Beginn entsprach durchaus Carvers Vorstellungen. Unter den ersten Projekten war der Vertrag mit einer Zuckerraffinerie über die Erforschung der Verwendungsmöglichkeiten verschiedener pflanzlicher Fasern.

Bei Carvers Tod ging auch sein ganzer übriger Besitz an die Stiftung über, und sein Gesamtanteil stieg damit auf 60000 Dollar. Weitere Mittel kamen immer wieder von Menschen, die seinen Traum teilten, und von verschiedenen wissenschaftlichen Forschungsgruppen. Endlich wurde für zwei Millionen Dollar ein Haus errichtet, das alle Forschungsmöglichkeiten auf den Gebieten der Botanik, der Chemie, der Mykologie, der Pflanzenkunde und der Landwirtschaft bot. Für Hunderte begabter junger Männer und Frauen, die Carver niemals kennengelernt hatten, war diese Stiftung die bedeutendste Leistung des alten Professors, ohne die ihr Talent vielleicht verkümmert wäre.

Heute leistet die Stiftung ihre Arbeit auf genau den Gebieten, auf denen Carvers Wirken den Süden bereichert hatte. Einige Studenten arbeiten mit neuen Teesorten, die in diesem Land noch nie angebaut wurden, andere wieder studieren die Strontiumaufnahme durch Pflanzen, die der Ernährung dienen. Vielleicht wird eines Tages jemand mit dem gleichen Genie wie Carver dieses Forschungszentrum betreten und dieselbe Entschlossenheit mitbringen, über die Grenzen des bisher Bekannten hinaus vorzudringen, wie sie Carver im Jahre 1896 mit nach Tuskegee brachte.

Solange er lebte, sorgte sich Carver um das Wohl der Studenten, die noch immer in seine Bibelstunden drängten und noch immer zu jeder Tageszeit seinen Rat suchten. Bei der Rückkehr von einer Reise nach Tulsa sagte er ihnen: „Als ich die jungen Leute dort auf den Straßen herumlungern sah, habe ich mich gefragt: Wie sehr kann sich die Welt auf euch verlassen?" Dann sah er die ihn umdrängenden Jungen und Mädchen prüfend an und fuhr fort: „Enttäuscht die Welt nicht, dann werdet auch ihr niemals enttäuscht werden."

Die Studenten verehrten ihn und sorgten sich stets um seine Gesundheit. Als Austin Curtis zur Vorbereitung der neuen Stiftung viel reisen musste, gewöhnten sie sich an, immer wieder an die Tür seines Labors zu gehen und nachzusehen, ob auch alles in Ordnung sei. Das störte Carver, und er klagte: „Wenn ich mir einen Menschen gewünscht hätte, der mich dauernd bei der Arbeit stört, dann hätte ich auch heiraten können." Daraufhin schlugen die Studenten vor, er solle eine Glasscheibe in die Labortür setzen lassen, damit sie nach ihm sehen könnten, ohne ihn zu stören. Carver wehrte sich dagegen, doch die jungen Leute setzten ihren Willen durch, und die Scheibe wurde eingesetzt.

George Carvers Kräfte ließen sichtlich nach. Im Jahre 1937 hatte er wegen einer bösartigen Anämie das Krankenhaus aufsuchen müssen. Freunde, die ihn am besten kannten, waren sicher, dass nur sein Interesse zunächst am Museum, dann an der Stiftung ihm einen Teil seiner alten Lebenskraft zurückgegeben hatte. Bei der Rückkehr aus dem Krankenhaus wurde ihm eine neue Wohnung zugewiesen, damit er möglichst nah beim Museum leben konnte. Als Henry Ford ihn dort besuchte und sah, wie Carver sich die Treppen hinaufmühte, ließ er sofort einen Fahrstuhl einbauen, der unmittelbar in Carvers Zimmer führte.

Trotzdem ging es ihm nicht gut, und sein Herz schlug schwer unter der Anstrengung, den alten Leib mit Blut zu versorgen. Schon der Geruch von Lebensmitteln bereitete ihm Übelkeit. Seine Mahlzeiten wurden ihm jetzt im Zimmer serviert. Unerschüttert blieb sein Humor. Als eine neue Diätassistentin in sein Zimmer kam, den Block zückte und geschäftig fragte: „Und was möchten wir heute Abend essen?", antwortete er: „Ich habe keine Ahnung, was Sie gern essen möchten. Aber Ihren Block können Sie ruhig wieder einstecken. Was ich gern essen möchte, können Sie ganz bestimmt auch im Kopf behalten."

Die Kochlehrerin konnte ihn manchmal mit seinen Lieblingsspeisen verlocken. Vor allem achtete sie auch darauf, dass sein Tablett stets sehr hübsch aussah und mit frischen Blumen geschmückt war.

Einmal war sie sehr niedergeschlagen, weil er zum Frühstück gar nichts gegessen hatte. Sie sagte, sie werde gern alles zubereiten, was er sich wünsche, wenn er dafür verspräche, es dann auch wirklich aufzuessen. Er wünschte sich Pfannkuchen. „Die ganz kleinen, bitte. Aber gut müssen sie sein!"

Die Lehrerin stand am nächsten Tage in aller Frühe auf

und brachte ihm vor Beginn ihres Unterrichts drei kleine Pfannkuchen, wie er sie besonders liebte. Sie freute sich, dass er sie widerspruchslos aufaß, und war hell begeistert, als er dann schüchtern sagte: „Die Qualität war genau richtig, nur die Quantität war unbefriedigend." Eilends lief sie los, um Nachschub zu backen.

Als Carver gegen Ende des Jahres 1942 abermals erkrankte, weigerte er sich, einen Arzt zu sehen: „Es ist nichts mehr zu machen", sagte er ruhig. „Und ich will nicht, dass mir jemand ein eiskaltes Stethoskop an die Brust drückt."

Aber wieder behielt die Kochlehrerin die Oberhand: „Sie wollen doch sicher Henry Ford nicht beleidigen?", fragte sie. „Er hat eigens seinen Spezialisten aus Detroit geschickt", schwindelte sie, ohne dabei zu erröten.

„Wirklich?", fragte der alte Mann erfreut. „Dann bin ich natürlich einverstanden."

Mrs Jones eilte in das Nachbarzimmer, rief das Hospital an und ließ einen jungen Arzt kommen, der erst sein Stethoskop anwärmen musste, bevor er ins Krankenzimmer gehen durfte.

Aber wie fast immer, so hatte Carver auch diesmal recht. Es war nichts mehr zu machen. Er war nun über 80 Jahre alt, und der Körper, der die große Seele beherbergt hatte, war abgenutzt. Ein paar Tage nach Weihnachten bat Carver Dr. Patterson zu sich und übergab ihm ein Bündel Staatsanleihen der Vereinigten Staaten. „Ich möchte, dass sie mit in die Stiftung eingebracht werden", sagte er. „Und ich möchte, dass jedermann begreift, dass ich sie nur gekauft habe, um zu zeigen, dass die Hautfarbe eines Menschen nichts mit seinen Gefühlen für sein Land zu tun hat."

Systematisch wie in seinem ganzen Leben ordnete George Carver die letzten Dinge.

Zeit zum Sterben

Es ist bezeichnend, dass wir seines Todestages
gedenken, da wir seinen Geburtstag nicht ken-
nen. Das ist der Tag, an dem auch alle Heiligen
geehrt werden, der Tag, an dem sie im Angesicht
Gottes wiedergeboren werden.

Clare Boothe Luce

Er sprach niemals vom Tode. Der Tod war ein vertrauter
Teil des Lebens, der Gefährte jedes Herbstes. Aber im
Frühling kam die Zeit der Wiedergeburt, und so setzte sich
das Leben unaufhörlich fort.

Bis zum letzten Augenblick blieb er hellwach, las in der
abgegriffenen Lederbibel, die Mariah Watkins ihm an jenem längst vergangenen Weihnachtstage geschenkt hatte,
und fragte alle, die ihn besuchten, nach den letzten
Neuigkeiten des Instituts. Am 5. Januar 1943 um fünf Uhr
nachmittags brachte ihm Mrs Janes sein Essen, aber er
nahm nichts außer einigen Schlucken Milch, dann ließ er
sich erschöpft in die Kissen zurücksinken.

„Ich denke, ich werde jetzt schlafen", flüsterte er mit
bereits geschlossenen Augen. Mrs Jones räumte das
Geschirr zusammen und schlich hinaus.

Irgendwann im Laufe der nächsten beiden Stunden
hörte das tapfere Herz zu schlagen auf. Ohne Kampf und
Schmerzen verließ seine Seele den erschöpften Leib.

Die traurige Nachricht wurde am Abend erst den Studenten, dann der ganzen Welt übermittelt. Betroffen und
stumm fanden sich die jungen Leute, die Lehrer und die
Bewohner der Stadt zusammen. Es schien allen unvorstellbar, dass er wirklich gegangen sein könnte, denn er war so
sehr ein Teil von Tuskegee gewesen wie der Boden, auf dem
das College errichtet war.

Bald trafen die Beileidsbotschaften der Großen dieser

Welt in Tuskegee ein. Präsident Franklin D. Roosevelt schrieb, er betrachte es als eine große Ehre, Carver persönlich gekannt zu haben. Vizepräsident Wallace erinnerte sich daran, wie der schlanke Lehrer einst sein kleines Händchen gehalten und ihm die Geheimnisse der Blüten und Pflanzen enthüllt hatte. Er sagte: „Die Vereinigten Staaten haben einen ihrer vornehmsten christlichen Männer verloren."

Draußen, wo die Straßen endeten, in den Bergen und Sümpfen, fanden die Männer und Frauen, die das Land bearbeiteten, keine Worte für ihren Schmerz. Sie weinten still vor sich hin.

Bald brachte Senator Harry S. Truman im Kongress einen Gesetzentwurf ein, der die Errichtung eines Nationaldenkmals für George W. Carver in der Nähe von Diamond Grove zum Ziel hatte. Es sollte in die Reihe der Nationalparks aufgenommen werden und „Berichte und Gedenkstücke enthalten, die Zeugnis ablegen vom Wirken George W. Carvers".

Die Regierung unterstützte den Antrag: „Dr. Carvers Laufbahn hat uns Ehre gemacht; es ist nur gerecht, wenn wir ihn mit Freuden ehren. Darüber hinaus aber ist sein Leben stillen Dienstes ein leuchtendes Beispiel in unserer dunklen, hasserfüllten Gegenwart. Ein Nationaldenkmal wäre keine unverdiente Ehrung für alles, was er uns bedeutet."

Das Gesetz wurde ohne Gegenstimme verabschiedet.

Als das Denkmal eingeweiht wurde, schrieb die New York Herald Tribune: „Wie jedermann weiß, war Dr. Carver ein Schwarzer. Aber er überwand alle Hindernisse. Vielleicht hat kein Mensch in diesem Jahrhundert mehr für ein besseres Verständnis zwischen den Rassen getan. Solche Größe gehört der Ewigkeit an. Dr. Carver hat nicht nur die verborgenen Qualitäten der Erdnuss und der Kartoffel entdeckt. Er hat geholfen, den Geist Amerikas zu weiten."

Er war ohne Angehörige gestorben, doch während der Tage seiner Aufbahrung riss die lange Reihe der Menschen, die an seiner Bahre vorüberzogen, niemals ab. Sie waren in Autos, in Omnibussen und zu Fuß gekommen, um ihm ein letztes Lebewohl zu sagen. Sie kamen aus der nächsten Umgebung und aus den entlegensten Teilen des Landes. Pfarrer Richardson begrüßte die Trauernden und sagte von dem Manne, der ihnen allen ein Freund gewesen war: „Er ehrte Gott, indem er aus allem, was Gott auf Erden wachsen lässt, das herausfand, was dem Menschen dient."

Am vierten Tage trug man ihn den Hügel hinauf, dorthin, wo Dr. Booker T . Washington seit 27 Jahren ruhte. Und seine Grabesinschrift lautet: „Zum Ruhm hätte er den Reichtum fügen können. Da er beides nicht achtete, fand er Glück und Ehre darin, ein Helfer der Menschheit zu sein."

Dann gingen die Trauernden wieder den Hügel hinab. Die Erinerung an den Toten war noch so frisch, dass eine Welt ohne ihn unvorstellbar zu sein schien. Eine große Stille lag über dem Land, und es wurde bald kühl und winterlich dunkel. Aber die geschützten Stellen zeigten erste Knospen. Jeder, der an diesem Abend Trost suchte, konnte ihn finden, denn ein neuer Frühling sandte seine ersten Boten.

neukirchener
aussaat

Leben aus dem Einen!

![Buchcover: Naftali Fürst – Wie Kohlestücke in den Flammen des Schreckens. Eine Familie überlebt den Holocaust. neukirchener aussaat]

Eine beeindruckende Lebensgeschichte

Auf beeindruckende Weise erzählt Naftali Fürst seinen Weg in das
Konzentrationslager Buchenwald und sein Leben danach. Ein Buch zum
Weiterdenken, das verhindern will, dass die Schrecken des Dritten
Reiches in Vergessenheit geraten.

Naftali Fürst
Wie Kohlestücke in den Flammen des Schreckens
Eine Familie überlebt den Holocaust
kartoniert, 184 Seiten, ISBN 978-3-7615-5974-1